知乎
发现更大的世界

猫、爱因斯坦和密码学

我 也能看懂的
量子通信

神们自己

著

北京联合出版公司
Beijing United Publishing Co.,Ltd.

为什么我们都该学点黑科技？
因为未来属于有好奇心的人

上本科的那会儿，物理系大部分同学都在窃窃私语：消耗这么多珍贵的脑细胞来学这些东西，有什么用？

量子力学有什么用？

广义相对论有什么用？

薛定谔方程、路径积分和群论究竟都有什么用？

那时，理论物理学还是一门不可描述的专业。

每当叔叔阿姨大伯大婶好奇地问起我是学什么的，我老实回答之后，总会出现一阵不可描述的沉默。

短暂的寂静后，又会传来一阵悲天悯人的声音：

"学这个专业将来找什么工作啊……"

十年前，同学们在寝室里激辩薛猫佯谬，在教室里听教授吹嘘量子计算机的逆天，在期末考试前斗志昂扬地准备小抄的时候……我们都以为，像量子这种谜之科技，只能存在于象牙塔和实验室中。

十年后，当我破天荒地换到 CCTV，看了一晚上的科普版量子通信——我震惊了。

我从没想到，这么快它就有用了。

2016 年 8 月 16 日，"墨子号"，一枚中国制造的量子通信终端卫星，在全世界的眼皮底下冲出实验室，飞向太空。

自从 1900 年普朗克发明 "quantum" 这个单词至今，量子终于从哲学辩论会的题材，变成了魔法般的黑科技。基于量子纠缠，能造出比现在快 1 亿倍的量子计算机；而超距作用和贝尔不等式，把量子纠缠变成了加密通信领域的终极武器。

真实的未来，总是比我们所以为的精彩。

据说，如果人类没有发明量子理论，就不会有我们今天引以为豪的半导体芯片和互联网，那么全球三分之一的 GDP 将不复存在。

而这三分之一的 GDP，大部分基于 20 世纪 30 年代的理论框架，相当于大学物理本科二年级《量子力学（下）》的水平。

现在，"墨子号"量子通信卫星上天了，五年后人人都会用无法破解的加密网络刷信用卡。再等到量子计算机投入量产，人工智能在恐怖的算力加持下统治世界……到那时候，可能全球 99.99% 的 GDP 都得归功于量子理论吧。

惊喜吗？其实，这些也不过是运用了 20 世纪 80 年代的理论而已。

蓄势待发的还有弦理论、引力波、虫洞、量子隐形传态……这些 30 年前就被人纸上谈兵的理论，变成真正改变世界的武器，那将是一个怎样的魔法时代啊……

我常在想，我们这个看似司空见惯的寻常世界，其实是一个巨大的谜团，宇宙、社会、代码、商业究竟是如何运作的？

无论是仰望星空还是改变世界，真相永远只有一个，而且总是出乎意料地简单与残酷。但是，只有在探索的路上，才能赢得力量，收获价值，发现意义。这样，当我临死回首往事的时候，才不会说：原来我终其一生，只是这个世界的 guest（访客）用户。

这也是我写这本书的目的。

你不需要学过高数，你只需要有好奇心。好奇心会让你把这本书当作悬疑推理小说，全程无尿点地读完一章，然后像追美剧一般义无反顾地翻开下一章，时不时还发出看段子时的会心一笑。

我不期待你看完这本书就能变身民间物理学家，但我期待未来的梦想家和技术宅能看到科技的全部潜力，解锁宇宙的隐藏关卡。

一个被黑科技主宰的未来，一个"墨子号"、"阿尔法狗"成为热点新闻的未来，属于那些有好奇心和想象力的人。诚如爱因斯坦所说，它们比知识更重要。当一个人与生俱来的好奇心渐渐丧失，他不是在长大，只是在变老。

或者，你可以继续等待——就像那些在火车站自动售票机前踌躇的人，茫然无措地看着一个正在崛起的新时代，载着一群年轻而陌生的面孔，飞驰而去。

这是**你**的选择。

目 录

第五集　兵者诡道

119年前的12月12日，加拿大纽芬兰岛，圣约翰斯港口。

那一天，如果有人路过这片荒凉的海岸，一定会被眼前的奇景惊掉下巴：海滩边的钟楼上空，竟翱翔着一只巨大的六边形风筝。它迎着凛冽的海风一跃而起，在120米的高空盘旋，骄傲地俯瞰一望无际的大西洋。

钟楼里，一个年轻人焦灼的目光正眺望着大洋彼岸的英格兰。冬日的阳光冷冷地盯着钟楼的指针，疲惫的波涛百无聊赖地拍打着礁石。他把电话听筒紧紧贴在耳边，直到手心攥出了汗——但他什么也没听见，除了一片寂静中自己无法抑制的心跳。也许，快了，就快到了……

他在等候一个远道而来的客人。

3700公里外的英格兰，一束挣脱天线重获自由的电磁波正在以光速冲破云层，眼看着就要飞向外太空了，却在六万米高空一头撞上电离层，一个跟头栽进了大西洋。从海里爬起来一看，不知不觉已来到枫叶之国，本打算再绕着地球多溜达几圈解解闷，不料竟被一根装在风筝上的天线俘获，身不由己地沿着导线滑进了听筒，变成了三声微弱而坚定的"嘀、嘀、嘀"……

只用了 0.01 秒，它就成了人类历史上第一个横跨大西洋的无线电信号。

历经 6 年研发，耗资数万英镑（相当于今天的 1 亿人民币），面对无数次挫败和冷眼，年仅 27 岁的马可尼终于成功了！他用无线电改变世界！只发送了一个字母 S[①]。而且，在实验的大部分时间里，这个 S 微弱到几乎无法听清。难怪很多专家对马可尼的发明不屑一顾，甚至质疑这货能否称之为发明——毕竟，只能发一个字的技术也算通信吗？

在普通人的眼里，那一天不过是报纸上一行"不明觉厉"的头条，一则真假难辨的传闻，一种距离现实遥遥无期的黑科技。

那一天，似乎什么都没有改变。

直到 2 年后，英国《泰晤士报》正式使用无线电向美国发送每日新闻；

直到 8 年后，35 岁的马可尼凭借无线通信领域的发明获得诺贝尔物理学奖；

直到 11 年后，绝境中的泰坦尼克号靠着无线电呼救，710 名乘客和船员获救；

直到 21 年后，世界上第一个无线广播电台开始播音；

---

① 发送的是莫尔斯电码中的三个点，代表字母 S。

直到 36 年后，马可尼病逝时，英伦三岛所有无线电全体静默两分钟，致敬这位为无线通信事业奉献一生的意大利奇男子。

明明可以**靠脸吃饭**，却偏要去搞**无线通信**

包括马可尼自己，当时没有人能够想象，在接下来的一百多年里，通信会把世界变成这个样子：

人人都是低头族

　　2016 年 8 月 16 日，世界第一颗量子通信卫星"墨子号"从酒泉基地发射。

　　就像当年的马可尼一样，今天的我们也无从想象，未来的量子通信与量子计算，终将带来一个怎样的魔法时代。

　　绝对安全的信息传输？

　　秒破全世界加密系统的超级计算机？

　　瞬移、穿越将不再是科幻？

　　　　　　　　　　　猫、爱因斯坦和密码学

2016 年 8 月 16 日，潘建伟院士的量子通信卫星上天了。

2017 年 8 月 10 日，"墨子号"完成三大科学实验任务，实现星地间 1200 公里的超远距离量子纠缠分发、量子密钥分发、量子隐形传态。

2017 年 9 月 29 日，连接北京、上海，全长 2000 多公里的量子通信骨干网络"京沪干线"开通，并与"墨子号"成功对接。

2018 年 11 月 13 日，武汉—合肥量子通信网"武合干线"开通。到 2018 年底，国内量子网络线路总长超过 7000 公里。

今天，我们已经有了量子通信手机和视频会议系统，政府和银行都在用量子通信传输加密数据，阿里巴巴已经把量子通信搬到了云端。下一步，量子通信的大规模商业化正在蓄势待发。也许不久之后，人人都会用无法破解的加密网络"剁手"、聊天、看直播。难道，你还觉得量子理论是象牙塔里的黑科技，和你的生活毫无关系？

让我们先从神秘的量子理论开始，解密量子通信。

这注定是一段不可思议的旅程。

> **任何足够先进的科技，初看都与魔法无异。**
>
> ●●●
>
> ——阿瑟·克拉克

　　如果你完全不懂量子力学，请放心大胆地往下看，我保证不用任何公式就能让你秒懂，连 1+1=2 的幼儿园数学基础都不需要。

　　如果你自以为懂量子力学，也请放心大胆地往下看，我保证你看完会仰天长叹：

什么是 · 量子力学 · 啊？！

正如量子力学大师兼撩妹大师理查德·费曼的名言：

"从前，据说世界上只有 12 个人懂相对论——我可不信。也许曾经只有 1 个人懂相对论，但当人们看了他的论文以后，懂的人肯定不止 12 个。然而另一方面，我可以有把握地说，**没有人懂量子力学**。"①

——换句话说，谁要是觉得自己彻底搞懂了量子力学，那他肯定不是真懂。

在烧脑、反直觉和"毁人三观"方面，恐怕没有任何学科能够和量子力学相比。如果把理工男最爱的大学比作霍格沃兹魔法学校，那么唯一可以和量子力学专业相提并论的，只能是黑魔法。

然而，量子理论之所以看上去如此神秘，并不是因为物理学家的故弄玄虚。其实，在量子理论诞生之初的摇篮时期，

---

① 此处为作者译文，原文见费曼所著 *The Character of Physical Law* 第六章。

它原本只是一门人畜无害的学科，专门研究电子、光子之类的小玩意儿。而"量子"这个现在看来很牛的名词，本意不过是指微观世界中"一份一份"的不连续能量。

这一切，都源于一次物理学的灵异事件……

1 百年战争

20 世纪初，物理学家开始重点纠结一个其实已经纠结了上百年的问题：

光，到底是波还是粒子？

所谓粒子，可以想象成一颗光滑的小球球。每个粒子有确定的位置和速度，运动时直线前进，相撞时会按一定角度反弹。每当你打开手电，无数光子就像出膛的炮弹一样，笔直地射向远方。

很多著名科学家（牛顿、爱因斯坦、普朗克、康普顿）做了很多权威的实验①，确凿无疑地证明了光是一种粒子。

---

① 这里所说的"实验"不仅指物理实验本身，还包括相应的理论研究。

比如，就拿让爱因斯坦得诺奖[1]的经典光学实验"光电效应"来说吧。人们发现，光照到一块金属上，金属的表面居然会产生电流；而且更诡异的是，这种现象对光的强度完全无感，只与光的频率[2]有关。如果频率不够，无论用多强的光照射金属板，光电效应都不会发生；反过来，只要光频率刚刚越过一个门槛值，再微弱的光线都可以触发光电效应，只不过产生的电流比较小而已。

今天看来，这是一个非常简单的实验，简单到被写进高中物理教科书，成为高考物理卷的必考知识点，当年却让众多科学大佬一筹莫展。电子吸收了光能，挣脱原子核的电磁力束缚跑了出来，从而形成了电流——这部分很容易理解；但是，你怎么解释"频率门槛"[3]的事情？按理说，更强的光可以给电子提供更多能量，延长光照时间应该也可以攒下足够的能量形成电流，可这两种预想中的场景在现实中偏偏从未发生。

如果把光看作一种波，一种连绵不绝、可以无限细分的能量，那么这个问题恐怕永远无解。第一个想通的还是当之

---

① 阿尔伯特·爱因斯坦获得 1921 年诺贝尔物理学奖是因为用光量子理论解释了光电效应，不是因为相对论——至少官方说法如此。

② 频率与波长成反比，不同频率的可见光会被视网膜识别为各种颜色，所以你也可以把光的频率理解为光的颜色。例如，蓝光的频率比红光高。

③ 术语叫作"极限频率"。

无愧的爱因斯坦大神：每个电子只能吸收 1 个光子的能量，一旦这个光子的能量（和频率成正比）足够逃脱原子核的囚笼，电子就能"越狱"成功，否则只能把这份能量物归原主。更多的光子（光强）和更长的照射时间对单个电子而言毫无意义，因为它并不能攒下两个光子！

既然光都能分成一个两个的光子，那它自然只能是粒子了——这种"异端邪说"立刻引爆了学术界，因为在光电效应之前，已经有很多比当年 26 岁的爱因斯坦更著名的科学家（惠更斯、托马斯·杨、麦克斯韦、赫兹）做了很多更权威的实验，确凿无疑地证明了光是一种波，电磁波。

所谓波，就像往河里扔块石头，产生的水波纹一样。如果把光看作一种波，可以完美解释干涉、衍射、偏振等经典光学现象。

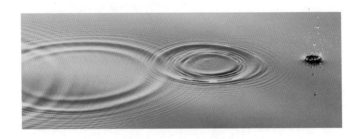

既然有的专家认为光是粒子，也有的坚信光是波，那么我们可以轻松得出结论：光既是波又是粒子。好的，本集内容到此结束，感谢您的阅读，我们下集再见……

——等等！和稀泥我不反对，可问题是，波和粒子在所有方面都截然不同啊！

比如：

●粒子可分成一个一个的最小单位，单个粒子不可再分，而波是连续的能量分布，无所谓"一个波"或者"两个波"；

●粒子是直线前进的，波却能同时向四面八方发射；

●粒子可以静止在一个固定的位置上，波必须动态地在整个空间传播。

波与粒之间，存在着不可调和的矛盾。当两道涟漪的波峰和波谷相遇时，一正一负正好抵消，波纹交叉点的水面在一刹那间恢复了短暂的平静——这种现象水波有，声波有，光波也有，但一堆台球却绝对模仿不来。"既波又粒"这种说法，就好像在说一个东西"既方又圆""既左又右""既黑又白"一样，在科学家逻辑分明的世界里根本没法成立。

于是自古以来，塞博坦星[①]上的科学家就分成两派：波派和粒派，两派之间势均力敌的百年战争从未分出胜负。

很多人问我：科学家为什么要为这种事情势不两立？大家搁置争议、共同研究不就得了？

为了一个字[②]：**信仰**。

―――――――――――

①　赛博坦星：《变形金刚》剧情设定中变形金刚一族的母星。

②　必须一个字，不是两个字，因为信仰只能有一个！

　　　　　　　　　　　猫、爱因斯坦和密码学

2 千面之神

说到信仰，我且问你：《权力的游戏》中，信奉七神的维斯特洛人民，为何偏要与信奉旧神的野人拼个你死我活？

古往今来，人类为了信仰争端大开杀戒，早已不足为奇。在这方面，西方唯一的和谐社会可能是古希腊：他们的神多达百八十号，有的管天上，有的管地下，还有的专管"啪啪啪"，各路神仙各司其职，倒也井水不犯河水。人称：希腊众神[1]。

要命的是，科学家信仰的神只有一个，而且是放之宇宙而皆准的全能大神。

这位神祇的名字，叫作**真理**。

大到宇宙的诞生，小到原子的运转，科学家相信，这个世界的万事万物都是基于同一个规律，可以用同一个理论，甚至同一套方程解释一切。

比如，让苹果掉下来把牛顿砸晕的是万有引力，让月亮悬在太空中掉不下来的也是万有引力；用同一个方程，既能

---

[1]　阿波罗、雅典娜、波塞冬、缪斯……这些名字是不是很耳熟？

算出地球的质量，也能让马斯克的"猎鹰9号"火箭上天，这就是科学的威力。

什么？想要一个宇宙、两种规律？

对不起兄弟，别在科学界混了，您可以去跳个槽。

当然，科学界也没有谁敢自称真理代言人，就连牛顿谦虚起来都是这样的：

"我只是一个在海滩上捡贝壳的孩子，而真理的大海，我还没有发现啊！"

就算是捡贝壳，捡得多了，说不定拼到一起就能窥见真理之神的全貌呢！

整个科学史，就像一个**集卡拼图**的过程。做实验的每发现一个科学现象，搞理论的就绞尽脑汁推测它背后的运行规律。不同领域的大牛把各方面的知识、理论慢慢拼到一起，

　　　　　　　　　　　猫、爱因斯坦和密码学

真理的图像就渐渐清晰。

在 20 世纪初，光学的知识储备和数学理论越来越完善，大家觉得，这一块的真相总算有希望拼出来了——结果却发现，波派和粒派的理论早已背道而驰，还各自越走越远。

就好比你集了一辈子卡片，自以为拼得差不多了，这时突然发现，你拼出的图案居然和别人的完全不一样，而且差得不是一点点！

是不是有种把对方连人带图砸烂的冲动？

当时波派和粒派都坚信，自己手上的拼图，才是唯一正确的版本。双方僵持不下，直到 1924 年，终于有人大彻大悟[①]：

波 or 粒，为什么不能**两者都是**？

也许在某些时候，粒子看起来就像是波；在另一些时候，波看起来就像是粒子。

波和粒的性质如同阴阳一般相生相克，就像一枚硬币的正反两面（**波粒二象性**），只不过我们一直以来都在盲人摸象、各执一词。

按照"波粒二象"的理论，与其说光"既波又粒"，倒不如说它既非波也非粒，它只是恰好在某些时候表现出了和我们刻板印象中的波／粒相同的行为而已。就像这个在不同

---

① 　1924 年，德布罗意在博士论文《量子理论研究》中正式提出了波粒二象性理论，1929年获诺贝尔物理学奖。

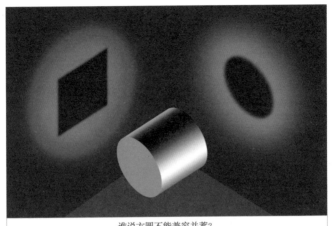

谁说方圆不能兼容并蓄？

方向上同时投影出方和圆的东西，它并不是方形和圆形的混血儿，而是在二维世界生活已久的平面国居民曾经无法想象的新物种：圆柱体。

真理确实只有一个，但是真理的表现形式，会不会有多个版本？

难道真理就是那个千面之神，用千变万化的面目欺骗了我们如此之久？

果真如此的话，那个藏在面具背后的本尊又是谁呢？

　　　　　　　　　　　　　　猫、爱因斯坦和密码学

3 灵异实验

　　是波、是粒，还是波粒二象？大家决定，用一个简单的实验来做个了断：双缝干涉。

　　双缝，顾名思义，就是在一块隔板上开两条缝。用一个发射光子的机枪①对着双缝扫射，从缝中漏过去的光子打在缝后面的屏上，就会留下一个个小光点，代表每个光子的位置。

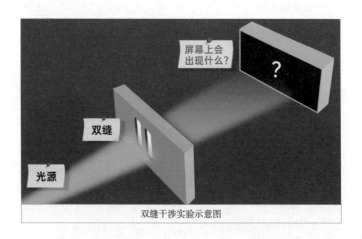

双缝干涉实验示意图

———————————

① 　光子机枪，即光子发射器。

记录光点的方法很多，为了节省脑细胞，我们就把屏幕看作是老式胶片的那种：当光子接触屏幕时，被光子击中的一小块胶片瞬间发生感光反应（曝光），这一点上的光点（影像）就被永久性地记录下来。

　　抛开技术细节不谈，你只需要记住一个基本事实：屏幕记录的光点代表已经发生的事实，它不可能在实验结束后再发生变化，正如我们没法穿越到过去篡改历史一样。

　　在实验开始之前，科学家的推测如下：

　　第一种可能：如果光子是纯粒子，那么屏幕上将留下两道杠。

　　光子像机枪发射的子弹一样笔直地从缝中穿过，那么屏幕上留下的一定是两道杠，因为其他角度的光子都被隔板挡住了。

　　　　　　　　　　　　　　　猫、爱因斯坦和密码学

第二种可能：如果光子是纯波，那么屏幕留下形同斑马线的一道道条纹。

光子穿过缝时，会形成两个波源。两道波各自振荡交会（干涉），波峰与波峰之间强度叠加，波峰与波谷之间正反抵消，最终屏幕上会出现一道道复杂唯美的斑马线（干涉条纹），和水波的干涉现象如出一辙。

第三种可能：如果光子是波粒二象，那么屏幕图案应该是以上两种图形的杂交混合体。

总之：

两道杠 = 粒派胜

斑马线 = 波派胜

四不像 = 平　局

是波是粒还是二合一，看屏幕结果一目了然。无论实验结果如何，都在我们的预料之中。

第 ① 次 实 验

EXPERIMENT 碗

▼

第一次实验现在开始：把光子发射机对准双缝发射。

结果：标准的斑马线。

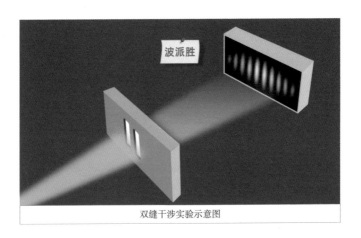

双缝干涉实验示意图

根据之前的分析，这证明光是纯波。OK，实验结束，波派获得了意料之中的胜利，大家回家洗洗睡吧。

等等！粒派不服：我明明知道光子是一个一个的粒子！这样，我们再做一次实验，把光子一个一个地发射出去，看会怎么样？一定会变成两道杠的！

第②次实验

EXPERIMENT 兔

▼

第二次实验：把光子机枪切换到点射模式，确保每次只发射一个光子。

顺便说一句，控制光子机枪每次只发射一个光子可真是个技术活。要知道，你随手打开台灯的一瞬间跑出来的光子数量，就多达 1 后面跟 20 多个 0！

在 100 多年前的初代单光子双缝干涉实验中①，开启点射模式更是一个艰巨的工程。首先要把光源强度降到极弱，然后用多层烟熏玻璃（俗称土制墨镜）过滤光源，确保在同等强度的光源下，一次最多只射出 1 个光子，而大部分情况下连 1 个光子都射不出来。所以，这架古董级光子机枪要酝酿很久才能来一发，实验做一次得等上 3 个多月……

 个月后……

---

① 见 G. I. Taylor 1909 年论文 *Interference Fringses with Feeble Light*。

结果终于出来了：斑马线。

居然还是斑马线？

怎么可能？！

我们明明是一个一个把光子发射出去的啊！！！

最令人震惊的是，一开始光子数量较少时，屏幕上的光点看上去一片杂乱无章，随着积少成多，渐渐显出了斑马线条纹！

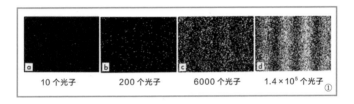

| 10 个光子 | 200 个光子 | 6000 个光子 | 1.4×10^5 个光子 ① |

光子要真就是波，那粒派也不得不服。可问题是：根据波动理论，斑马线来源于双缝产生的两个波源之间的干涉叠加；而单个光子要么穿过左缝，要么穿过右缝，只穿过一条缝的光子到底是在和谁发生干涉？隔壁缝的老王吗？

难道……光子在穿过双缝时自动分裂成了两个？一个光子分裂成了"左半光子"和"右半光子"，自己的左半边和右半边发生了关系？

———————

① 　实际上，这是电子双缝干涉实验的结果。作者之所以敢用电子实验图来冒充光子，是因为各种不同实验都表明，微观粒子普遍具备波粒二象性，用任何粒子做双缝干涉实验都会出现等效的干涉条纹。

事情好像越来越复杂了。干脆一不做二不休，我们倒要亲眼看看，光子究竟是怎样穿过缝的。

第③次实验

EXPERIMENT 死瑞

▼

第三次实验：在屏幕前加装两个摄像头，一边一个左右排开。哪边的摄像头看到光子，就说明光子穿过了哪条缝。同样，还是以点射模式发射光子。

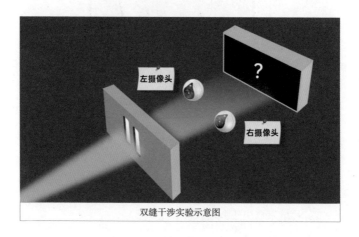

双缝干涉实验示意图

结果：每次不是左边的摄像头看到一个光子，就是右边看到一个。一个就是一个，既没有发现两边同时冒出来两个光子，也从没见过哪个光子分裂成两半的情况。

大家都松了一口气。光子确实是一个个粒子，然而在穿过双缝时，不知怎么就会变形成波的形态同时穿过两条缝，形成干涉条纹。虽然诡异了些，不过据说这就是波粒二象性了，具体细节以后再研究吧，这个实验做得人都要"精分"了。

就在这时，真正诡异的事情发生了……

人们这才发现，屏幕上的图案，不知什么时候，悄悄变成了两道杠，原来的干涉条纹消失啦[①]！

没用摄像头看（实验1、实验2），结果总是斑马线，光子是波；用摄像头看了（实验3），结果就成了两道杠，光子变成粒子。

实验结果取决于我看没看？

光到底是波还是粒子，取决于我看没看？

---

① 　指屏幕上此时显示的图案是两道杠，和第二次实验结果（斑马线）不同。已经在屏幕上成像的图案是不可能再次变化的。

这不科学啊，做个物理实验竟然见鬼了啊！

我叫双缝光子，初次见面，请多多指教！

可以体会物理学家当时的心情吗？

一个貌似简单的小实验做到这份上，波和粒子什么的已经不重要了，重要的是现在全世界科学家都蒙了。

这是有史以来第一次，人类在科学实验中正式遭遇灵异事件。

什么？你还没看出灵异在哪里？

好吧，请你先看懂下面这个例子：

电视里正在直播足球比赛，一名球员起脚射门——

咔，暂停——来，我们预测一下这个球会不会进？

在球迷看来，球进或者不进，和射手是不是梅西、C罗有关，和对方门将的状态有关，和裁判收没收钱说不定还有关。在科学家看来，有关的东西更多，比如球的受力、速度和方向，距离球门的距离，甚至风速风向、草皮的摩擦力、球迷吼声的分贝数等。不过，只要把这些因素事无巨细地考虑到方程里计算，完全可以精确预测三秒后球的状态。

但无论是谁，大家都公认，球进与不进，至少和一件事情是绝对无关的：

你家的电视。

无论你用什么品牌的电视，无论电视的屏幕大小、清晰度高低、质量好坏，无论你看球时是在喝啤酒还是啃炸鸡，当然更无论你看不看电视直播——该进的球还是会进，该不进就是不进，哪怕你气得把电视机砸了都没用。

你是不是觉得，上面说的全都是废话？

那么仔细听好：双缝干涉的第三次实验证明了，在其他条件完全相同的情况下，球进还是不进，直接取决于在射门的一瞬间，你看还是不看电视！

光子被机枪射向双缝，好比足球被球员射向球门；用摄像头观测光子是否进缝、怎么个进法（进哪条缝），就好比用电视机看进球。无论多么高科技的摄像头，无非就是个把现场图像转发到你眼睛里的设备，所以，用摄像头看光子进左缝还是右缝，和用电视机看足球打进了球门的左侧还是右侧，没有本质区别。

第三次实验与第二次的唯一区别，就是实验 3 开了摄像头观察光子的进缝路线（看电视），而实验 2 没放摄像头（不看电视）——两次的结局竟截然不同。

难道说，不看光子它就是波，看了一眼，它就瞬间变成粒子了？

难道说，"光子是什么"这一客观事实，是由我们的主观选择（放不放摄像头）决定的？

难道说，对事物的观察方式，能够改变事实本身？

这，就是观察者的魔咒。

三观的崩塌

5

在所有人蒙了的时候，还是有极少数聪明人，勇敢地提出了新的理论：

光子，其实是一种智能极高的外星 AI 机器人。之所以观察会导致实验结果不同，是因为光子在你做实验之前就悄悄侦察过了：如果发现前方有摄像头，它就变成粒子形态；如果发现只有屏幕，就变成波的形态。

这个理论让我想起了传说中的"原子小金刚"——机器人阿童木同学。没错，"阿童木"正是日语"アトム"的发音直译，源自英语"atom"，意即"原子"。

难道阿童木真的存在？

不过，一个"内裤外穿"的光子，是我平生最不能接受的事情……

究竟光子是不是阿童木转世，请看第四次实验——其实我在想，这种理论居然没被口水喷死，还要做实验去验证它，可见科学家们已经集体蒙到了什么地步。

第 ④ 次 实 验

EXPERIMENT 富

▼

第四次实验：事先没有摄像头，我们算好光子穿过缝的时机，等它穿过去之后，再以迅雷不及掩耳之势加上摄像头，拍下它是从哪条缝里钻过来的。或者反过来，实验开始前我们先把摄像头在双缝后面架好，等光子穿过缝后再分分钟撤掉[①]。

结果：无论加摄像头的速度有多快，只要最后加上了摄像头，看清了光子的来路，屏幕上一定是两道杠；反之，如果一开始有摄像头，哪怕在光子到达摄像头之前的最后一刻撤掉，屏幕上一定是斑马线，就和从来没有摄像头的结果一样。

回到看球赛的那个例子，就好比开始罚点球的时候，我先把电视关了，然后掐好时间，等球员完成射门、球飞出去3秒钟后，我突然打开电视，球一定不进，百试百灵。

---

① 　　等效于 1978 年惠勒提出的延迟选择实验。

猫、爱因斯坦和密码学

他们，就是这样被下了魔咒的

　　在你冲出门去买足彩之前，我不得不悄悄提醒你：这种魔咒般的黑科技，目前只能对微观世界的基本粒子起作用。要用意念控制足球这样的大家伙，量子还做不到啊！

　　既然一夜暴富的幻想破灭了，不如和我一起研究量子吧……让我们先冷静一下，把这几次越来越烧脑的实验好好捋一捋。

　　加摄像头意味着我们可以通过摄像头观察光子，从而确定它究竟是从哪个缝里穿过来的；而撤掉摄像头意味着我们放弃了观察、没法确定它的位置。最终屏幕上出现的是斑马线还是两道杠，其实永远只取决于一件事——你到底有没有在中途偷看过光子、暴露它的行踪。

　　也就是说，真正改变实验结果的，根本不是花式折腾摄像头的那些操作，而是——

没错，就是你！你这个看似置身事外的观察者，用自己的观察改变了客观现实！

先别急着否认，仔细想想，更加细思恐极的事情还在后面。

我们刚才漏掉了一个细节：加 / 不加摄像头、观察 / 不观察，是在光子已经穿过双缝之后才决定的！且不论光子穿缝的时候是变成波同时通过双缝，还是变成粒子只走一条路，过了缝之后的光子是波是粒，肯定木已成舟。实验结果是两道杠还是斑马线，显然取决于光子穿缝时的形态（波 或粒）；但既然是波是粒在观察之前就定型了，那为什么"加摄像头"这个马后炮会决定性地改变实验结果呢？

而且，加摄像头的速度，在技术上可以做到非常快（40

　　　　　　　　　　　猫、爱因斯坦和密码学

纳秒）。当光子灵机一动变成波的形态穿过双缝，发现前方并没有摄像头，本打算以斑马线模式飞向屏幕，这时摄像头出其不意地现身了！就算光子真的是个狡猾的迷你版变形金刚，当它在最后一刻发现面前有个摄像头时，也来不及再次变身了吧？那为什么无论怎样提高切换摄像头的速度，拍到的永远是单个光子呢？

啊哈……我懂了！你的观察不仅能改变"光子是什么"的客观现实，还能穿越到过去，去决定几十纳秒之前正在穿缝的光是波还是粒子！

也就是说，在之后做出的人为选择（未来），能够改变之前已经发生的事实（历史）？

"主观决定客观""未来改变历史""外星人其实是无处不在的光子"……好端端一个实验弄得谣言四起，物理学家们纷纷感到几百年来苦心经营的科学体系正在崩塌。

与之一起崩塌的，还有全人类的三观。

量子魔法时代的大幕，正在徐徐拉开。

薛定谔的猫

为了一只猫的死活，

400 年前的天才哲学家，

学历最高的足球运动员，

风情万种的量子力学教授……

他们都在纠结啥？

多数人
为了逃避真正的思考，
愿意做任何事情。

—— 王兴

美团网创始人兼 CEO

而另一些人，却恰恰相反——

他们做任何事，都是为了纠结。

下面要说的，就是另一些人的故事。

学历最高的运动员

1908 年夏天。丹麦，哥本哈根。

一名足球运动员正在思考自己的前程。

23 岁，是时候做个决定了。

"比我小两岁的弟弟，已经成为国奥队的中场核心。在刚刚结束的伦敦奥运会上，哈拉尔德率丹麦队 17 比 1 血洗法国队，斩获银牌，创造'丹麦童话'，一夜之间成为家喻

国家队大名单里怎么能没有我？①

---

① 　1908 年丹麦国奥队集体照，第二排右一为哈拉尔德·玻尔。

户晓的球星。

而我，作为丹麦最强俱乐部——哥本哈根 AB 队的**主力门将**，居然从未入选国家队，这简直……是一种耻辱！

教练说我什么都好，唯一的弱点就是喜欢思考人生。

上次和德国米特韦达队踢友谊赛，对手竟敢趁我在门框上写数学公式的时候，用一脚远射偷袭，打断我的思路！

不过，最后一刻不还是被我的闪电扑救解围？要是后卫早点上去堵枪眼，那场踢完就可以交作业了。

成为世界最伟大的门将，还是成为世界最伟大的物理学家，这是一个问题。

我需要再纠结一下。

这根门柱靠着真舒服……"

猫、爱因斯坦和密码学

14 年后……

爱足球，爱物理
更爱在踢球时刷物理题
我不是什么**球星**
也不是什么**学霸**
我只是**天才**
26岁博士毕业
29岁当教授
37岁得诺奖
比爱因斯坦早一年
我和你们不一样
我是**人生赢家**
尼尔斯·玻尔
简称NB
我为**量子力学**代言

　　上集我们讲到，一百多年前，为了搞清光子究竟是波还是粒子，科学家们被一个貌似简单的**"双缝干涉"**实验弄到集体**"精分"**。

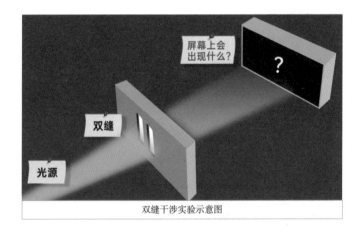

双缝干涉实验示意图

这个实验明白无误地说明，光子既可以是波，也可以是粒子。至于它到底是什么，取决于你的**观测姿势**。

装摄像头观测光子的位置，它就变成粒子；不装摄像头，它就是波！

我们曾经天真地以为,无论用什么样的姿势看电视直播，都不可能影响球赛结果。可是在微观世界中，这个天经地义的常识好像并不成立。

这就是那么多高智商理工男蒙了的原因。

但在玻尔看来，将宏观世界的经验常识套用到微观世界的科学研究上，纯属自寻烦恼。

通过常识，我们可以理解一个光滑小球的物理性质；但是凭什么断定，组成这个小球的万亿个原子，也一定有着和小球完全相同的性质？凭什么微观世界中的原子、电子、光子，一定要遵循和宏观世界同样的物理法则？

一般人纠结的问题无非是：量子世界的物理法则**为什么**这么奇怪啊……

只有真正的天才，能够直截了当地问出关键问题：

这些法则**是什么**？

严格来说，量子理论是一群人，而不是一个人创立的[①]。但是如果一定要选出一个量子力学代言人的话，我觉得非玻尔莫属。

因为当别人还在纠结的时候，他第一个想通了。

如果认为物理学家的任务是
发现自然是什么，那就错了。

物理学关心的是，
我们关于自然能说什么。

尼尔斯·玻尔

---

① 量子力学的主要创始人包括：普朗克、玻尔、爱因斯坦、薛定谔、海森堡、狄拉克等。

通过前面那些烧脑的实验，玻尔总结了量子世界的三大基本原则：

❶ 态叠加原理

在量子世界里，一切事物可以同时处于不同的状态（叠加态），各种可能性并存。

比如在双缝干涉实验中，一个光子可以同时处在左缝和右缝。

这种人类无法想象的叠加态，才是最普通不过的本质形态；而在我们看来"正常"的非黑即白，才是一种特例。

❷ 测不准原则

叠加态是**不可能精确测量**的。比如，精确测出了粒子的位置，但它的速度却永远测不准！

这并不是因为仪器精度不够高，其实，仪器再好都没用。这个"不可能"是被宇宙规律所禁锢的"不可能"，而非"有可能但目前做不到"。

❸ 观察者原理

虽然一切事物都是多种可能性的叠加，但是，我们永远看不到一个既左且右、又黑又白的量子物体。只要进行观测，必然看到一个确定无疑的结果。至于到底看到哪个态则是随机的，其概率高低取决于叠加态中哪个态的成分居多。

有了以上三大原理，实验解释起来就轻松多啦。

"双缝干涉"实验的官方解释：

没装摄像头：光子在未观测的情况下处于"多种可能性并存"的叠加态，以 50% 的概率同时通过了左缝和右缝，形成干涉条纹。

装上摄像头：光子被观测后只能处于一个态，不能神奇地同时穿双缝啦，所以干涉条纹就消失了。

这就是目前量子力学教科书上的正统理论：**哥本哈根解释**。

终于，一切都有了答案。

真的吗？

因为完美解释了双缝干涉等灵异现象，玻尔一夜成名四面树敌。小伙伴们纷纷表示：这个理论不仅反直觉反人类，而且 bug（漏洞）点很多！

比如，没有观测时，光子是混沌中的叠加态；观测的一瞬间，光子就变成了单一的确定态。请问两种态是怎样无缝切换的？按照玻尔的说法，观测的一瞬间，光子就随机蜕变成多种可能中的一种，还把这个过程取名叫"坍缩"。具体怎么个坍法，玻尔自己也说不清。

再比如，既然触发"坍缩"的前提是"观测"，那么谁能够成为合格的观察者呢？科学家？人类？外星人？一切生命体？还是包括人工智能在内的任何智慧形态？

众说纷纭之际，给玻尔带来致命一击的，是一只猫。

2 薛定谔的猫

爱物理，爱养猫
更爱边写论文边撩妹
高潮时，我想出了
量子力学的第一个方程
我是埃尔文·薛定谔教授
请叫我薛老师
70年阅妹人生的唯一遗憾
为什么我的 🐱 比我有名？

　　曾经有人看到上图后羡慕地说："薛老师真的强，活成了我们想要的样子！" [1]

---

[1]　如欲了解薛定谔教授丰富多彩的情感生活，请自行查阅人物传记和相关资料，此处不便多说。

好吧，我这里还有一张专门用来劝退的下图：

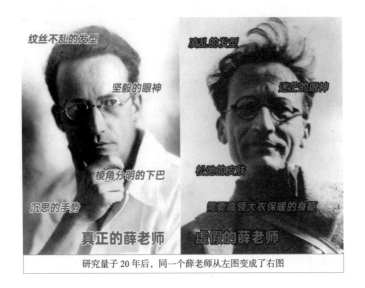

纹丝不乱的发型

坚毅的眼神

棱角分明的下巴

沉思的手势

真正的薛老师

凌乱的发型

迷茫的眼神

松弛的皮肤

需要高领大衣保暖的身躯

虚假的薛老师

研究量子20年后，同一个薛老师从左图变成了右图

—— 我是幽默感的分割线 ——

1925 年，正是薛老师亲手写下了量子波动方程"薛定谔方程"，与矩阵力学、路径积分一起，被后人并称为量子力学的三大基石。

十年后的 1935 年，对"哥本哈根解释"的群起而攻之，薛老师打响了第一炮。

宿命。

当时，几乎所有人都觉得"叠加态"是个纯属幻想的玩意儿，却没人能真正驳倒玻尔和他的哥本哈根学派。

因为，"态叠加""测不准""观察者"，无论这三大原理违和感多么强，都被玻尔视作量子世界不可挑战的公理。

所谓公理，就像"两点之间有且只有一条直线"，或者牛顿力学三定律一样，是无法、也无须证明的宇宙基本大法。在玻尔看来，物理学家的任务是透过现象看本质、根据实验找规律，而不是天天去 @ 上帝："你凭什么要把宇宙设计成这样？"

真要问凭什么，那么，凭什么微观世界的宇宙法则，一定要和宏观世界的生活经验相符呢？如果这个宇宙真有一个制订规则的"上帝"的话，凭什么 Ta 要把这套法则弄得那么通俗易懂，以至于银河系五环外的一颗偏远蓝星上刚从树上下来的裸猿都能轻松理解？

无懈可击的玻尔之盾，也只有金枪不倒的薛定谔之矛能够与之一战。

"薛定谔的猫"，就是薛老师用来挑战玻尔的头脑实验。

把一只猫关在**封闭**的箱子里。

和猫同处一室的还有个自动化装置，内含一个放射性原子。

如果原子核衰变，就会**激发 α 射线→射线触发开关→开关启动锤子→锤子落下→打破毒药瓶**，于是猫当场毙命。

　　　　　　　　　　猫、爱因斯坦和密码学

以下实验纯属想象＋推理，没有任何无辜的猫因此被害

　　在这个邪恶的连环机关中，猫的死活直接取决于原子是否衰变；然而，具体什么时候衰变是无法精确预测的随机事件。只要不打开盒子看，我们永远没法确定，猫此时此刻到底是死是活。

　　刑具准备完毕，现在，薛老师对玻尔的拷问开始：

　　1. 原子啊，衰变啊，射线啊，这些都属于你们整天研究的"微观世界"，自然得符合量子三大定律，对不对？

　　2. 按照玻尔你自己的说法，在没打开盒子观测之前，这个原子处于"衰变"＋"没衰变"的叠加态，对不对？

　　3. 既然猫的死活取决于原子是否衰变，而原子又处于"衰／不衰"的叠加态，那是不是意味着，猫也处在"死／没死"的叠加态？

原子衰变 = 死猫

原子没衰变 = 活猫

叠加态原子 = 叠加态的猫

所以，按照哥本哈根解释，箱中之猫是不死不活、又死又活的混沌之猫，直到开箱那一刻才瞬间"坍缩"成一只死猫或者活猫？

生存还是毁灭，这是个问题

薛老师的逻辑，其实就是反证法：以子之矛，攻子之盾。我先假装你是完全正确的，然后顺着你的说法推理啊推理，直到推出一个荒谬透顶的结论——那只能说明你从一开始就

　　　　　　　　　　　　　　　猫、爱因斯坦和密码学

错了！

至于为什么要放进一只猫，这又是薛老师的高明之处。

以前大家研究原子、光子，总觉得那是与日常完全不同的另一个世界。无论量子世界多么玄幻，我们总可以安慰自己说：微观世界的规律，不一定适用于宏观物体。科学家做完"精分"的实验，就能回归老婆孩子热炕头的正常生活。

现在，薛老师把微观的粒子和宏观的猫绑在一起，要么你承认叠加态什么的都是幻想，要么你承认猫是不死不活的叠加态——别纠结，二选一。

连三岁小孩都知道，如果打开箱子看到一只死猫，那说明猫早就死了，而不是开箱的瞬间才死的——只不过它被毒死的时候，你装作没听到惨叫声而已。

别跑啊，玻尔，还有几句话咱好好唠唠。

你的理论告诉我们，猫在被观测前是不死不活的；那么，如果把你关进一个密室，你不也变成不死不活了吗？

或者，在密室中的你看来，全世界的人都是不死不活的僵尸态？

还是说，地球和太阳是否存在，都变成不确定的了？

薛老师的猫，本意是想让玻尔下不了台；万万没想到，结果却引发了唯心、唯物主义的大辩论。哲学家们突然发现，终于有机会以专家的身份，来对科学界说三道四了。

3 我思故我在

400 年前，一个法国大叔的思考，奠定了唯心主义哲学的核心思想。

假设世间一切都是幻觉。

所谓人生，也许只是我们的大脑在黑客帝国的 AI 里做的一个梦，说不定身体正插满管子泡在培养皿中。

那么问题来了：既然一切都可能是幻觉，那么，世上还有没有绝对不可能是幻觉的东西呢？

有。

唯一不可能是幻觉的，只有"我们正在幻想世界是不是幻觉"这件事。

我在思考，至少说明我还是个东西。

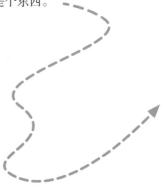

谁发明了直角坐标系
和解析几何？
谁发现了光的折射
和动量守恒定律？
谁第一个解释了
星系的起源？
谁建立了整套科学方法论？
我不是什么**哲学大师**
我是**数学+物理学家**
勒内·笛卡儿
我只是说过一句话
你们自己幻想：
我思故我在

　　其实，唯心主义并不是"我想要什么就有什么""我相信什么存在它就存在"，而是"只有我的意识（心）无可置疑，世界却可能是幻觉"。所以，如果你认真看那些唯心主义哲学大师的著作，会发现非但不扯，反而逻辑严密得令人发指。

　　而唯物主义者的观点则是"我在故我思"：世界肯定不是幻觉，不过每个人都把自己版本的幻觉当作客观世界的真相。但是，只要我们持续发展先进生产力，终有一天可以破除幻觉逼近真相的。

到底哪一个世界观才对呢？

由于唯物主义者无法证明这个世界一定不可能是黑客帝国，而唯心主义者也拿不出这个世界一定就是黑客帝国的确凿证据，所以谁也无法说服对方。

直到唯心主义者们听说了量子力学。

你知道吗？主张"心外无物"的明代哲学家王阳明，早在500年前就发明了量子力学！

王大师的另一句名言"知行合一"，启发了400年后的一位粉丝：陶行知

传说，王阳明与友人同游南镇，友人问曰：

"天下无心外之物，如此花树，在深山中自开自落，于我心亦何相关？"

先生答曰：

"你未看此花时，此花与汝心同归于寂，你来看此花时，则此花颜色一时明白起来，便知此花不在你的心外。"

唯心所现，唯识所变。未看此花时，花的存在是不确定的叠加态；起心动念的一刹，花才会从不确定态坍缩为确定态，你观察的世界因此呈现。意识与物质互为因果，无法割裂。量子力学的"观测导致坍缩"，就是唯心主义的铁证！

然而，很多人至今都不知道，"意识决定观测结果"这个名声在外的量子黑科技，其实是道听途说导致的**误会**。

回到双缝干涉实验，如果科学家故意不观测实验结果，而是用机器自动记录，去掉人类的"意识"干扰之后，是不是量子态就不会坍缩了？

再比如，做实验时突然飞过一只苍蝇，在它 6000 只复眼[①]的注视下，光子的叠加态会因此而坍缩吗？（你以为苍蝇就没有意识吗？）

结果，根本没有任何影响！

屏幕结果是代表波动的斑马线还是代表粒子的两道杠，只与实验仪器的设置有关，和谁来观测、是否观测、观测结果有没有记录下来无关。只要实验中没有装摄像头监控光子到底穿了哪条缝，哪怕有一亿双眼睛盯着，看见的仍然是未

[①]　准确地说，应该是两只复眼内的 6000 只小眼。

坍缩的叠加态光子产生的干涉条纹。

现在看来，比玻尔那句"毁人不倦"的"观察导致坍缩"更准确的表述是：

只要微观粒子处于"可以被精确测量"的环境下，它就会自动坍缩，并不需要等待"观察者"就位。

所以归根到底，量子实验仍然是不以主观意志为转移的。只不过，我们无法精确测量，只能用概率分布来计算这个客观世界。

我可以自豪地告诉你：我从来也没信过黑客帝国之类的唯心主义鬼话！

如果世界真是个 Matrix（矩阵），为什么我不能像基努·里维斯一样，上天入地、手挡子弹、单挑黑衣人军团，为什么我连用意念掰弯一把勺子都做不到？

你们说努哥有主角光环，那好，看看这个被努哥一巴掌拍死的叛徒，为什么每天在黑客帝国的壕饭店里戴着链子吃着法餐？

对于努哥、墨菲斯、崔妮蒂等一帮利用系统 bug 蓄意制造混乱的反社会武装团伙，黑客帝国非但没有一个重启把他们统统和谐掉，反而还单独给他们开了一个叫"锡安"的副本，让这些欲求不满的 hardcore（硬核）用户在壮烈的锡安保卫战中圆了自己的英雄梦。

这是什么精神？这就是用户体验至上的精神！

最令我震惊的是，像这样一款以用户为上帝的 VR 沉浸式网游，居然还是永久免费的！

　　不需要用户花钱拼装备却天天有福利，不需要码农加班改 bug 却从来不蓝屏，不需要投资人烧钱却持续运营了几百年——连服务器电费都不收，就能让全世界每个人躺着玩一辈子，临了捐赠遗体发个电就算两清了？！

　　良心之作啊！

100个汉子也推不倒

不内裤外穿
也能装超人

时不时还有撩妹福利

猫、爱因斯坦和密码学

宁在VR餐厅里混
不在现实茅草屋里笑

　　那么，对于每天在现实生活中苦闷的你我来说，有谁享受过这种体验吗？

　　并没有……

　　这就是为什么，我至今都是一个坚定的唯物主义者。

命运之眼

可是，如果人的意念并不能改变量子世界，那为什么观察还能影响实验结果呢？

为什么只要摄像头一安上，屏幕上的斑马线就变成两道杠了呢？这是连最坚定的唯物主义者都无法否认的事实啊！

既然光子不是被我的意识影响，那么它究竟是被谁影响了，以至于从波被迫坍缩成粒子态了？

难道是……

摄像头？

当我们谈论"摄像头"时，我们其实是在谈论一种普遍意义上的探测器：它和被观测物体发生某种接触，获取物体的信息，却又不破坏物体本身。

比如，当你在乌漆墨黑的夜晚打开手电，手电和你的眼睛就形成了一个天然的探测器：手电发出的光打在前方物体的表面，反射后进入你的视网膜，视网膜上的光点转换成电信号沿着视神经传送，最终交给大脑神经网络做图像识别——所以你才不会在走夜路时一头撞到树上。当然，我们不用担心那棵树，它是不会被你的手电或眼神杀死的。

不过在微观世界，我们没法再理所当然地认为，观察设备不会对被观测的物体造成影响。因为，那个被观测的物体实在太小了！

如果我们用手电筒的强光照射乒乓球，虽然手电筒每秒钟喷射出的光子数量是个天文数字，可如此猛烈的炮火也无法让轻盈的乒乓球转动分毫——微观世界的光子扑向宏观世界的乒乓球，就像飞蛾扑向太阳一样不自量力。但是，如果把乒乓球换成是它体积 10^{-17} 的电子，肯定会破坏电子原本的运动轨迹。就算尽可能地减少探测器的影响，比如把手电筒的亮度调小，小到只发射一个光子，电子也会遭到不可忽略的打击；说不定，就让本来只想乖乖做个波的电子受了刺激，从此立志成为一枚粒子。

我知道了！一定是摄像头影响了光子，摄像头和光子之间的相互作用导致量子叠加态坍缩了！

在真实的"单电子双缝干涉"实验[1]中（等效于上一集第 2、3 次实验），用"调低亮度"的方法减少探测器对电子的干扰后，出现了和上述推测相符的结果。基于"观测干扰实验"的思路很容易理解：随着光线逐渐变弱，越来越多的电子压根儿没遇到探测器发出的光子，它们完好无损的叠加态发生了波的干涉，形成了屏幕上的斑马线条纹；而那些

---

[1]　1961 年 Jönsson、1976 年 Merli、1988 年 Lichte、1989 年 Tonomura 等分别完成了一系列电子双缝干涉实验。

正巧被探测器光子逮个正着的电子在外界干扰下坍缩，形成了粒子特有的两道杠。

其实，屏幕上的条纹既不是纯粹的斑马线，也不是纯粹的两道杠，它永远是两者的叠加混合体：探测器的干扰越强，条纹越像两道杠；探测器的光照越弱、干扰越小，条纹就越像斑马线。要是干脆把探测器关了，彻底消除外界观察对实验的影响——那就等于没有观测，和没安探测器的普通双缝干涉实验完全一样了。

把"坍缩"归咎于观测造成的不可避免的"扰动"，似乎可以让我们从混沌烧脑的量子世界中全身而退，再次回到宏观世界的光天化日之下。只是，这片晴朗的天空中，似乎飘着两朵乌云……

第一，只要不涉及单光子、单电子这类对仪器精度要求极高的实验，传统"光的干涉"实验是小学生就能实践的，不需要无尘无菌，不需要抽真空，也不需要什么昂贵的仪器。一束阳光从窗口射进黑暗的屋子里，拿块硬纸板用手抠出两道缝，都能看到墙上的斑马线[1]。

我的意思是：既然微观粒子如此娇嫩，一颗小小的光子都能把它撞得改变性别，一枚摄像头的注视就能决定它的命

---

[1]　准确地说，因为阳光不是相干光，所以必须经过单缝衍射后得到相干光源，才能在双缝干涉实验中形成干涉条纹。另外，真用手抠双缝还是有一定难度的，手残党建议直接使用刀片。

运，那为什么在这么糙的实验环境里，波的干涉现象却没有受到丝毫影响？要知道，空气中到处飘浮着你的唾沫星子、PM2.5、螨虫、细菌、病毒……在微观粒子面前，哪一个不是星球般大小的庞然巨物，这么大的"干扰"怎么就从来没把干涉条纹扰乱成两道杠呢？

第二，在上一集第 4 次实验"延迟选择"中，观测（在缝后放置探测器，确定光子从哪条缝穿过）发生在光子已经通过双缝之后。至少我们可以肯定地说，在光子穿缝时那个决定命运的时刻，它并没有受到任何仪器的干扰。难道，是未来还没发生的观测干扰了光子穿缝时的历史吗？

观察者的魔咒，波函数的坍缩，真的是因为观测带来的随机碰撞、干扰吗？

很遗憾，这个说起来通俗易懂、听上去还很有道理的解释，将在十分钟后被你亲手抛弃。

再一次准备好你的脑细胞吧——量子世界的规则，从来不是为了方便人类的理解而制定的。

5 天机不可泄露

我们知道，所有的量子实验都指向同一个事实：观察改变了实验结果。

但是，如果我们把这个"观察"再抽丝剥茧一番，问题仍然是迷雾重重：究竟是"观察"中的什么部分，真正起到了影响微观世界的作用？

意识？智能？生命？

这些首先可以排除。把做实验的人换成机器，没有任何区别。就算造个全自动实验室，机器人自己动手把实验做完了，报告发给你一看，实验结果也完全相同。

那么，随便什么"观察"都一样吗？一群吃瓜群众站在实验室里用肉眼围观，也能把波函数逼得坍缩吗？

并不能。必须是精确的仪器才管用，精确到能 100% 断定光子到底穿了哪条缝的那种。

看来，能对量子世界起作用的观察，和我们日常语境中常说的观察，并不是一回事。那么量子世界的"观察"究竟是指什么呢？

到目前为止，根据已知的实验结论，我们可以对这种"观察"做如下定义：

猫、爱因斯坦和密码学

用仪器对微观物体造成一定程度的干扰，从而精确获取其信息。

到了这一步，我们似乎有充足的理由可以说，是观察中的"干扰"造成了坍缩。

这是一个人气很高的答案，只有一个缺点：

它并不正确。

第⑤次实验
EXPERIMENT 发五
▼

在 1992 年的"量子擦除[①]"实验[②]中，科学家把被前辈们炒过无数次冷饭的光子双缝干涉实验又玩出了新花样。还是那熟悉的味道，只不过在每条缝前加了一道新配方：标记器。

标记器的作用，就是守在缝口，在每个光子穿过缝前先给它做标记。比如，我们可以在通过左缝的光子头上都写个"左"字[③]，通过右缝的光子都写上"右"字[④]。等光

---

① "量子擦除"的概念最早由 Marlan O. Scully 和 Kai Drühl 于 1982 年提出。

② 见 *Observation of a quantum eraser: A revival of coherence in a two-photon interference experiment*，发表于 1992 年 1 月的 *Physical Review A*。

③ 此处为等效类比，现实中当然没法在光子上写字。实验中加标记的方法，是用半波片把经过一条缝的所有光子的偏振方向旋转一个相同的角度。

④ 其实，只需标记其中一条缝的光子就足以区分。

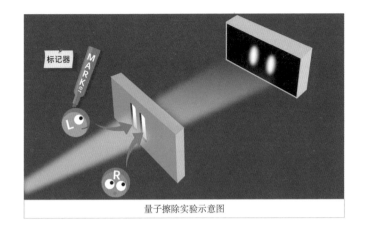

量子擦除实验示意图

子打到屏幕之后，再根据这个标记区分光子的来路：头上写"左"的肯定来自左缝，头上写"右"的自然来自右缝。这样，我们不需要安装摄像头或者探测器，同样可以知道每个光子经过了哪条缝。

实验结果——都看到这里了，早已被量子虐得死去活来的你，大概闭着眼睛都能猜到结果了吧？

没错，打开标记器，屏幕上的条纹变成两道杠（干涉消失）；关闭标记器，屏幕上出现斑马线（干涉发生），和加／不加摄像头的那些实验没有任何本质区别。虽然用上了标记器这样的黑科技，但是到目前为止，这盘冷饭实在是炒得一点新意也没有。

别着急，好戏还在后头。你有没有想过，科学家为什么放着好端端的摄像头不用，非要把它换成标记器呢？

因为标记器和摄像头的最大区别在于：摄像头看了就是看了，不可能看过以后再假装没看；而标记器既可以在光子的头上写字，也可以把写上的字擦掉！

这，就是"量子擦除"系列实验的最大创意：给"观察"加上了一个撤销键。

如果在光子通过缝之后，再加一步操作把它的标记擦掉；或者再统一写上一个新的标记，把之前的旧标记覆盖掉，比如在所有光子（不管从哪个缝过来的）的头上写上"你猜"——总之，只要有办法将全部光子再次变成无法区分来路的状态，就能把你曾经试图跟踪光子路径这件事给一笔勾销。

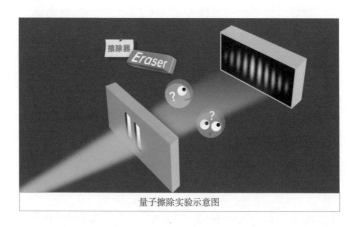

量子擦除实验示意图

还记得《阿里巴巴和四十大盗》的故事吗？大盗们发现阿里巴巴去过他们的基地，于是派了一个人跟踪到他家，在他家门上做了个记号，准备晚上大家一起过来把他做掉。结果等到晚上大盗们行动时一看，发现这个小区的所有门上都出现了相同的记号！于是第二天，四十大盗变成了三十九大盗[①]。

如果还是用"观测干扰实验"的老思路，同时加上标记器和擦除器之后，就相当于前后共干扰了两次。既然干扰一次（只加标记器）就能把干涉条纹破坏掉，那么干扰两次，条纹岂不是被干扰得连光子他妈都不认识了吗？

可是，标记加擦除之后，屏幕上真实的实验结果，却是不折不扣的斑马线，而且完好如新，就像从来没有什么标记器和擦除器一样。

你可别告诉我，这是前后两次干扰之间"负负得正"的效果。否则你就得给我解释清楚：微观粒子之间的随机乱撞，究竟是怎么做到在两次不同的干扰之间精确抵消的。

让我们回到之前的分析。此前，对于是"观察"中的什么成分影响了量子世界，我们已经排除了意识、智能等无关因素，把范围缩小到了：

用仪器对微观物体造成一定程度的干扰，从而精确获取其信息。

现在，经过"量子擦除"实验对大脑的洗礼，我们不得不

---

① 那个做记号的大盗，不幸被其他 39 个大盗联手做掉了。

把"干扰"这个长得很像坏人的角色，从嫌疑人名单上画掉。

凶手难道是……

？！

名侦探柯南教导我们，除去所有不可能之后，剩下的即使再不可思议，也必然是唯一的真相[1]。

~~用仪器对微观物体造成一定程度的干扰，~~从而精确获取**其信息**。

是的——观察影响量子世界的真正原因，不是意识或智能，也不是观察造成的干扰，而是我们精确获取了光子的路径信息！

面对五花八门的量子实验，你只要牢牢记住以下三点，就能预测干涉会不会发生，屏幕上会不会出现斑马线：

第一，观测导致坍缩；

第二，只有能精确获知路径信息的观测才算观测；

第三，记住第一和第二。

换句话说，干涉条纹和路径信息如鱼和熊掌般不可兼得，你永远不可能在看到干涉条纹的同时，知道光子走过了哪条缝。在"量子擦除"实验中，先标记再撤销的做法，任谁都不可能从中了解光子的路径，那就相当于从来没有发生过观测。

---

[1]　比柯南更早说这句话的，是柯南·道尔笔下的夏洛克·福尔摩斯。

量子世界的宇宙规则，法网恢恢，疏而不漏。就算你在中间折腾出千万种骚操作，只要你最终没有泄露天机、暴露光子的行踪，它就既往不咎，当作什么事也没发生。

类似的实验还有很多，从实验原理、仪器到观测的微观粒子种类都各有不同。但无论科学家们搞出多少奇思妙想的实验，就是做不到一边保持干涉，一边获知光子的路径。在量子世界这道天然的防火墙面前，大家抱着不撞南墙不回头的决心一次次尝试，得到的永远是一个冷冰冰的答案：

FORBIDDEN
403
你知道的太多了
You know too much

科学家们放弃了吗？

呵呵……

他们非但没有放弃，反而设计出了一个全新的实验，一个集前辈之大成、堪称史上最变态版本的双缝干涉实验！

6 回到未来

1979 年，在纪念爱因斯坦 100 周年诞辰学术研讨会上，玻尔的门徒、爱因斯坦的亲密战友、第一位参与制造原子弹的美国人、第一个说出"黑洞（Black Hole）"这个词的人，哥本哈根学派最后的守望者——约翰·惠勒①，再一次令全世界脑洞大开。

这个让《史上最烧脑实验：双缝干涉》续订第二季的点子，叫作"量子延迟选择"。

上一集第 4 次实验，就是"延迟选择"版本的双缝干涉实验。我们先不放摄像头，等到光子穿过缝之后再用摄像头观测它的来路，实验结果和普通版本（实验 2、3）相比没有任何区别。只要看清了光子的来路，干涉条纹就会消失。

虽然现在可以用"干涉条纹和路径信息不可兼得"的口诀轻松解释实验现象，但这并没有打消在人们心里萦绕已久的困惑：观测光子的时间晚于光子穿缝的时间，在**未来**做出的观察，怎么可能对**过去**已经发生的穿缝事件产生

---

① 惠勒（John Archibald Wheeler）22 岁开始跟随玻尔学习，30 岁参与"曼哈顿计划"，54 岁获得爱因斯坦科学奖，与玻尔和爱因斯坦两位大师都长期共事过，是历史上为数不多的同时对量子和相对论都有深入研究的物理学家之一。

影响呢?

而且,如果说这个实验证明了"未来影响过去",也没法让所有人心服口服。有人认为,所谓"未来影响过去"的结论,其实不过是传统思维下的误区,用量子思维来看根本不成立!

在人类对量子世界还一无所知的时代,他们先是认为光子不是粒子就是波,然后又发现光子居然能够在波粒之间切换形态,有摄像头时就会变成粒子。当然,他们那时还不知道什么"观察导致坍缩",所以只能得出一个荒谬透顶的结论:光子在穿缝时会先侦察一番,根据前方有没有摄像头,决定自己变成什么形态穿过缝。他们以为,是双缝决定了光子变成波或粒,穿过缝后就不会改变。

然而,延迟选择实验让他们遇到一个无法解释的 bug 点:光子穿缝时一看没有摄像头,决定变成波;然后摄像头突然出现了,被逮个正着的光子应该是波才对,为什么实际上观测到的都是粒子呢?

没办法,为了把这个荒诞的解释圆下去,他们只能用第二个更荒诞的故事来弥补它:光子不仅有侦察敌情的本领,还有时间倒流的超能力;它回到过去穿缝的那一刻,改装成粒子重新出发! 这就是很多自媒体上《诡异的量子实验:未来真的能决定过去吗? 》之类标题的来源。

而用哥本哈根解释来看延迟选择实验则非常简单:不

　　　　　　　　　　　猫、爱因斯坦和密码学

观测时，光子的叠加态概率波同时通过双缝，所以形成了干涉条纹；观测时，光子的概率波坍缩，叠加态变成了一个单一的确定态，所以看到的一定是粒子。当你用右边的摄像头看到光子时，并不代表它曾以粒子的形态穿过了右缝——不管有没有摄像头，光子的概率波始终是同时通过双缝的，它只不过在你打开摄像头的一瞬间刚好栽到了你手上而已。

用玻尔的话说："任何一种基本量子现象，只有在其被记录之后才是一种现象。"也就是说，在被观测之前，光子不是个东西。若要问光子在被观测之前到底在哪儿（左缝？右缝？），到底是什么（波？粒子？）——不可说，不可说，一说即是错！在玻尔看来，这是一个没有意义的问题，物理学无权谈论它，它甚至不是一种能够被研究的"客观现实"！

不管你是否相信玻尔禅宗式的解释，要证明量子世界里可以时光倒流改变过去，还得拿出更过硬的证据才行。

那么，什么样的实验结果，能让所有人相信"未来可以改变过去"呢？

我想起了一部 20 世纪 80 年代的伦理爱情动作片：《回到未来》。片中男主穿越到过去，竟使年轻时代的母亲爱上了自己。一个发型很像爱因斯坦的博士告诉他：如果你妈没和你爸在一起，你在历史上就从未出生过，那现在的你就会凭空消失啦！男主将信将疑地掏出一张穿越前带来的家庭照，惊恐地发现，照片上的自己正在变模糊！被吓得不轻的男主只得想方设法助攻老爸追回自己老妈，最后好歹没有改变历史，保住了自己的小命。

要是能做到这种效果：没观测时，屏幕上出现斑马线；你把斑马线拍个照，写进实验报告里；这时你打开摄像头的开关，发现实验报告上那张斑马线照片居然变成了两道杠！——这才叫"真·未来改变过去"好吗？

唯一的问题是，这种实验真有可能做出来吗？

这就是我接下来要告诉你的，史上最变态的双缝干涉实验：量子延迟擦除实验。

第 ⑥ 次 实 验
EXPERIMENT 赛
▼

不得不佩服设计这个实验的科学家，他们竟把双缝干涉系列的两大脑洞合二为一：延迟＋擦除。目的，就是要在光子不仅穿过缝而且还打到屏幕上之后，再决定到底是要观测（获知光子的来路）还是不观测（即擦除，让所有光子变得不可区分）。

具体实验如下 [①]：

―――――――――――

① 即1999年的实验 A Delayed Choice Quantum Eraser。文中为了方便描述，做了一些等效简化。

实验分为两大区域：实验室和观察站。

实验室里有光源、双缝、晶体和屏幕，但没有摄像头之类的观察设备；观察站里有三棱镜、反射镜和摄像头，但没有屏幕。最终实验室的屏幕上出现光斑，但观测光子，导致其坍缩是在观察站完成的。

观察站里的摄像头和实验室里的屏幕不在同一个房间，甚至可以相距很远。那还怎么观测实验室里的光子呢？

很简单：在双缝后面放一种晶体[①]，它会把每个光子变成两个，其中一个继续飞往实验室的屏幕，另一个飞往观察站。就好比把每个光子复制一份，我们只要观察那个发往观察站的克隆体，就能推测出飞向屏幕的光子本体是从哪条缝过来的。

观察站内的三棱镜负责把飞过来的克隆光子们分成两组，来自左缝的光子（图中蓝色光束）和来自右缝的光子（图中红色光束[②]）被折射向不同的方向，被两只摄像头轻松截获，从而确定每个光子的来路。这样一来，根据"获取路径信息就等于观测"的原则，干涉条纹会被破坏，屏幕上应该出现两道杠。

---

① 称为 BBO 晶体。入射的 1 个光子被晶体吸收，发射出 2 个纠缠光子对。

② 图中的光束颜色是为了便于区分来路（左缝／右缝）而标记的，并非实验中光子本身的颜色（频率）。

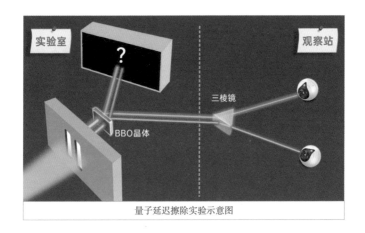

量子延迟擦除实验示意图

但我们还有另一种选择：把光子的路径信息擦除，让它们再次变得不可区分。我们不再用摄像头拦截观察区的克隆光子，而是让它们继续前进，直到被一面镜子反射。最终左缝光子（蓝色）被摄像头 A 观察，右缝光子（红色）被 B 观察。

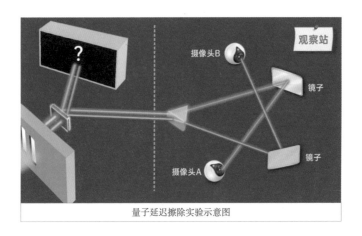

量子延迟擦除实验示意图

　　　　　　　　　　　　　　　　　猫、爱因斯坦和密码学

可是这样一来，我们还是能区分光子来自左缝还是右缝，和之前直接拦截有什么区别呢？不是说好要"擦除信息"的吗？

别着急。为了达到"擦除"的效果，我们只需在两个摄像头中间加一面半透镜即可。

半透镜，是一种特殊的镜子：它把入射光的一半反射，另一半光继续前进（透射）。如果只有 1 枚光子，那么它被反射或透射的概率是五五开。

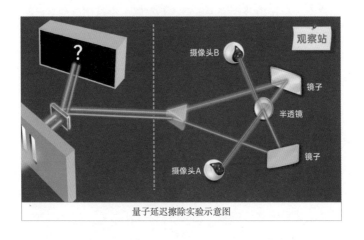

量子延迟擦除实验示意图

如图放置半透镜与摄像头，无论光子是从哪条缝来的，每个光子都有 50% 的可能到达摄像头 A，也有 50% 的可能到达摄像头 B。换句话说，当你用摄像头 A 看到一枚光子时，它既可能来自左缝，也可能来自右缝，无从判断它的来路。

光子的路径信息就这样被巧妙地"擦除"了。根据"擦除路径信息等于没观测"的原则推断，干涉会照常发生，屏幕上应该出现斑马线。

现在，关键的地方来了：实验室和观察站之间可以分开很远，但光的速度是恒定的光速，所以光子到达实验室里的屏幕和它的克隆体到达观察站的时间是不一样的。理论上，这个时间差可以大到，你那边光子已经打到屏幕上了，我这边观察站的仪器还没布置好呢！我可以等屏幕出现条纹1小时之后，再决定我到底要观察还是擦除，去试图改变早已板上钉钉的实验结果！

延迟选择实验[1]告诉我们，时间不重要，在光子通过双缝后的任意时刻观察，都能影响量子世界。所以，实验结果无非4种可能：

第一种可能：屏幕出现斑马线。1小时后，我跑到观察站用摄像头观察光子判断来路——已经拍成照片的斑马线瞬间变成两道杠。

第二种可能：屏幕出现两道杠。1小时后，我跑到观察站用半透镜擦除光子来路信息——已经拍成照片的两道杠瞬间变成斑马线。

第三种可能：屏幕出现斑马线。1小时后，我跑到观

---

① 即上集第4次实验。

察站，准备用摄像头观察光子判断来路。"观察"和"擦除"两套仪器事先早已布置好，我只需按下按钮，相应的仪器就会启动。就在我要按下"观察"键的一刹那，门外突然传来一声怒吼："你妈喊你回家吃饭啦！"吓得本宝宝小手一抖，刚好按下了"擦除"键——屏幕和照片上还是斑马线。

第四种可能：把第三种可能的文字复制到此处，然后把"斑马线"替换成"两道杠"，把"观察"替换成"擦除"。

如果实验结果是第一、第二种可能，我就能改变过去；如果是第三、第四种，我就能预知未来。无论哪种情况，我都将拥有超能力。现在，我要开始实验了，"量子侠"即将诞生，哇哈哈哈哈哈哈！

近百年来，已经无法统计人类到底做了多少次双缝干涉之类的量子实验。面对神秘的量子世界，物理学家们非但没感到害怕，反而像闻到血腥味的鲨鱼一样猛扑上去，从各种角度挑战规则，直至把"上帝 [①]"本人逼到了死角：

你，要么给我改变过去的超能力，要么给我预知未来的超能力，别纠结，二选一！快点！

上帝微微一笑，指了指那块布满光点的屏幕。

屏幕？有啥好看的，反正不是斑马线就是两道杠——

[①] 本书中所有提到的"上帝"一词，均为物理规律的拟人化比喻，和宗教信仰无关，也不代表作者认为上帝存在或不存在。

所有人都呆住了。

屏幕上显示的，既不是斑马线，也不是两道杠，而是：

量子延迟擦除实验示意图

没错。在真实的"延迟擦除"实验中，无论你选择观察还是擦除，屏幕上永远都是这个四不像条纹。

喂，说好的不观察就有干涉条纹呢？现在就算我选择"擦除"，也不会出现斑马线，这违反了前面所有实验的结论啊！看来，量子世界的物理规律自相矛盾、出 bug 了吧？

并没有。

令人震惊的是，干涉条纹仍然存在于屏幕上！

它只是在和你躲猫猫。

选择"擦除"的情况下，如果观察站的摄像头 A 接收到某个克隆光子时，就把打到实验室屏幕上的那个光子本体

猫、爱因斯坦和密码学

标为橙色；同理，把对应摄像头 B 的屏幕上光子标为绿色①
——你就会发现，屏幕上看似杂乱无章的四不像条纹其实是
两个斑马线叠加组成的！

两个摄像头对应的光子分别形成了干涉条纹，放在一起
却刚好看不出来！

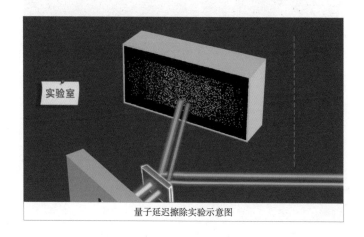

量子延迟擦除实验示意图

但如果选择"观察"，把摄像头 A、B 拍到的克隆光
子在屏幕上对应的光点打上颜色标记，那才真是一片杂乱
无章。

屏幕上那个四不像，就像量子世界的刮刮卡：真正的干

---

① 　橙色代表摄像头 A 观察到的光子，绿色代表 B 看到的光子。橙、绿仅用于区分，并不代
表光子来自哪条缝。在擦除模式下，A、B 两个摄像头都同时接收到了红、蓝光子，每个光子来
自哪条缝无法区分。

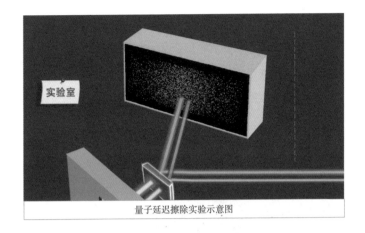

量子延迟擦除实验示意图

涉条纹被封印在其中，只有选择"观察"或"擦除"时，才有机会刮开涂层，看到底下究竟是"谢谢"还是"再来一瓶"。你的选择并没有改变历史，充其量只是完善了对历史的解读。什么改变过去啦，什么预知未来啦，什么超能力啦……算了，别提了。

宇宙，就是以这种狂妄的方式，再一次向银河系五环外的裸猿们展示了自己的力量。

NOT FOUND
404
对力量一无所知
You know nothing

猫、爱因斯坦和密码学

7 眼见为实

说来也怪，每天在量子世界里神游的物理学家，居然还能对日常生活安之若素。

要知道，我们身体中的每一个细胞，手机里的每一道电流，地球、太阳和月亮，乃至整个宇宙——都是由这些"既波又粒""不死不活"的量子微粒组成的，它们才是世界的基石。然而奇怪的是，从未有人在宏观世界见过不死不活的猫，或者既在桌子上，又在口袋里的手机。

薛定谔的猫，在宏观世界中真的存在吗？

一开始，包括薛老师和玻尔本人在内，没有人相信现实中真会有不死不活、既死又活的猫。

可是不久之后，科学家们惊恐地发现，这件看似显然的事，居然**没法证伪**（证明猫不是叠加态）。

按理说，猫到底是不是叠加态，做个实验不就明白了？可惜，这个实验至今做不出来——毕竟，我们没法让猫产生干涉条纹啊！

证伪不行，证实的方法倒是有一个：把这只猫造出来。

令人细思恐极的是，我们已经做到了。

1996 年，美国人梦露（男的）用单个铍离子制成"薛定谔猫态"并拍下了快照①，发现铍离子在第一个位置处于自旋向上的状态，同时又在第二个位置自旋向下，两种状态产生了叠加，而这两个位置相距 80 纳米之遥②！

实验中，梦露团队用激光冷却技术将铍离子困在一个小空间里，并使它处于"位置 1 且自旋向上"＋"位置 2 且自旋向下"的叠加态，这和原版薛定谔猫"猫死且原子衰变"＋"猫活且原子不衰变"的叠加态异曲同工，在理论上是等价的。当然，无论是否真的是叠加态，我们只能观测到铍离子要么在位置 1，要么在位置 2，永远不可能看到它同时出现在两个位置，实验结果也的确如此。

但奇妙的是，梦露发现，当这个铍离子在位置 1 时，自旋一定向上；在位置 2 时，自旋一定向下！这足以说明它处于叠加态，因为若非如此，它的自旋应该是随机的，不会和位置产生关联。

这是人类有史以来第一次，亲手造出了一只"薛定谔的猫"。

不过，这毕竟只是单个离子，和真猫相比还差了十万八千里啊！

2004 年，潘建伟院士带领团队首次实现了多光子的薛定谔猫态。虽然这只猫的身材依旧苗条——浑身上下只有 5

---

① 1996 年 C. Monroe 等完成的实验 A "Schrödinger Cat" Superposition State of an Atom。

② 铍离子半径大小只有 0.1 纳米左右。对它来说，80 纳米真的挺远了。

个光子，但还是令玻尔的信徒们信心大增。

这说明，从单个微观粒子到严格意义上的薛猫（宏观量子叠加态），也许只是量变而非质变。它被亲切地称为：薛定谔的小猫。

如果继续增加粒子数量，是不是能把小猫慢慢喂肥成大猫呢？

然而现实很残酷：目前薛猫的最高纪录，仍然是潘建伟团队2018年实现的18个光子的叠加态[1]。为了增加区区13个光子，用了整整14年时间。可想而知，要让猫身上亿亿亿亿个原子同时处于量子叠加态，绝非易事。

在乐观者看来，这不过是暂时的技术困难，假以时日迟早会攻克；但也有人认为，量子世界与宏观世界之间存在着一道天然的结界，像猫一样大的宏观叠加态，也许是这个宇宙明令禁止的。

有朝一日，能不能造出一只眼见为实的大猫？

至少现在，我们还不知道。

但是我们已经知道：即使是小猫，也蕴含着无比惊人的能量。

正是这些几个光子组成的**量子纠缠态**，开启了宇宙的洪荒之力。

---

[1]　实验论文 *18-Qubit Entanglement with Photon's Three Degrees of Freedom* 刊于 2018 年 1 月 *Physics Review Letter*。

困扰爱因斯坦 40 年的
"幽灵现象"，
原来竟是宇宙的
终极黑科技？

真有跨越光年瞬时传送的
"超距通信"吗？

1935 年，薛老师很忙。

除了 N 多前女友和养猫以外，薛老师发现了量子的又一个诡异之处，而这在当时几乎没有人瞥过一眼。

为了研究微观世界，看看原子核这个大西瓜肚子里都有些什么籽儿，科学家祭出了最强大的武器：~~西瓜刀~~**粒子对撞机**。

欧核中心（CERN）的加速器就是干这个的。耗资 78 亿美元，全长 27 公里，位于地下 100 米，大型强子对撞机（LHC）是上万名科学家重金打造的粒子 F1 赛道。它可以把微观粒子加速到光速的 99.99%，在环形隧道中以每秒 11245 圈的速度狂飙。当两束粒子流相撞时，对撞瞬间产生的高温可达太阳中心温度的 100 万倍[1]，和 137 亿年前宇宙大爆炸后百万分之几秒内的温度相当。

最常见的现象是：加速器中的母粒子被撞击后，分裂成两个更小的粒子 A 和 B。根据动量守恒原理，子粒子的动量大小相等、方向相反。

———————————

[1]　即 10 万亿摄氏度。太阳核心的温度约为 1500 万摄氏度。

ATLAS 量热仪，周围有 8 个环形磁体
量热仪用来测量质子对撞时产生的粒子能量[①]

比如说，因为母粒子静止不动，所以分裂后的子粒子 A 向左边飞，B 一定往右边飞，这样动量才能左右抵消。

同理，A 和 B 的角动量也得互相抵消。

对于宏观物体，角动量就是旋转产生的动量。一只旋转的陀螺和一只静止的陀螺相比，虽然它们的位置都没有移动，但你不能说旋转的陀螺没在"运动"，因为它在旋转的方向上运动。

微观粒子的角动量叫作"自旋"。听上去，就好像粒子是个旋转的迷你陀螺一样。人们一度真是这么以为的：

---

① 　图片来源于欧核中心官网：*https://home.cern*。感兴趣的可以去看更多高清大图。

加速器环形隧道的一部分[1]

电子顺时针（用向上箭头表示）、逆时针（向下箭头）两种自转产生了方向相反的角动量，导致它们在穿过磁场时会被分成上下两组[2]。但简单推算一下就会发现，电子不可能真的像陀螺一样转，否则它的表面速度会超过光速！

没有人亲眼见过电子到底是怎么自旋的，我们只知道它有角动量。自旋又是一个颠覆常识的概念，这倒是继承了量子家族的光荣传统。你可以理解为电子像陀螺一样旋转，也可以理解为这是电子的某种神奇属性，就像鸡腿有色、香、味[3]等属性一样——反正，只要遵循量子世界的

---

[1]　同上页。

[2]　斯特恩－格拉赫（Stern–Gerlach）实验，银原子经过磁场后分成两束，原因在于电子自旋产生的磁矩。

[3]　顺便说一句，微观粒子还真有"色"和"味"，虽然和日常语境的色、味毫无干系。这方面的研究称为量子色动力学（Quantum Chromodynamics）和量子味动力学（Quantum Flavor-dynamics）。

规则，算出来没错就好。

对于分裂后的两个粒子，如果 A 的自旋（角动量）向上，B 的自旋一定向下。至于具体是向上还是向下，这是个随机事件，必须观测后才能知道。

自旋态"上"和"下"

那么问题来了：根据量子理论，在不被观测的情况下，粒子处于多种可能性的叠加态。此时，粒子的自旋既非向上，也非向下，而是两者同时并存！

只有观测之后，两个粒子之间才有上下之分。当然，在守恒定律的约束下，它们之间必须保持阴阳平衡，不可能出现两个自旋都向上或都向下的情况。

举个例子：就像箱子里那只不死不活的薛定谔猫一样：

　　　　　　　　猫、爱因斯坦和密码学

A 和 B 这对龙凤胎粒子，自打出娘胎起，它们的性别就没确定；直到它爸过来摸了一把，这才瞬间分出男女！

然而和薛猫不同的是，箱子里的猫只有一只，孪生粒子却有两个。它们之间保持着一种微妙的联系，你上我下，此消彼长。而且，这两个粒子即使相隔很远很远，叠加态也能保持不变，这种微妙的联系始终存在。

在千里之外，**瞬间**产生联系……

地球上的"没头脑"被 kiss，火星上的"不高兴"脸上会留下唇印吗？

？！这……难道是……？

是时候 @ 爱因斯坦了。

爱因斯坦之梦

地球人都知道，爱因斯坦是搞相对论的。

但恐怕很少有人知道，大神在 35 岁已经功成名就（完成狭义相对论和广义相对论），而在之后 40 年的悠长岁月里，他其实都在纠结一件事：量子力学。

曾经，他也是一个集美貌与才华于一身的男子：

为什么**最帅的时候**没人认识**我？**

猫、爱因斯坦和密码学

研究量子力学 30 年之后，"小鲜肉"终于纠结成了"老咸肉"：

时间，是一把相对的杀猪刀

我思考量子力学的时间
百倍于广义相对论，
但依然不明白。

阿尔伯特·爱因斯坦

能让爱因斯坦这种智商水平的人"不明白"的，不是深奥的理论和复杂的公式，而是宇宙的**意义**。

爱因斯坦深信，宇宙在本质上是高度和谐的，这种和谐可以通过数学之美体现出来。

所以，一个理论如果不美，倒不是说一定是错的，但它肯定不够**本质**。

如果爱因斯坦当年没搞物理，
他大概会去搞音乐

在更高的层面上，和谐，比对错更重要。

而量子力学，在爱因斯坦看来，就是一种不和谐（不完备）的理论。

比如，量子力学的核心思想是：微观世界的一切只能

用概率统计来表达，而具体到单个的粒子，它的状态是不确定的叠加态。把这个粒子放大亿亿亿亿倍，就成了薛定谔的猫。

这是第一个让爱因斯坦不爽的地方：量子力学否认了物质的**实在性**。

爱因斯坦认为，根本不存在薛定谔思想实验中那只不死不活的叠加态猫。猫的死活在观测之前就是定数，只不过愚蠢的人类看不见箱子里发生的一切，只能推测出"50% 活或 50% 死"的概率。

你是不是突然有一种，和爱因斯坦英雄所见略同的感觉？

打个不太恰当的比方（给量子打个恰当的比方真的好难）：

比如说，我可以从知乎看到，我的粉丝的男女比例是8：2。我相信，每个关注我的知友，一定都对自己的性别深信不疑。

然而，那些发明量子力学的疯狂科学家，他们竟然说：8：2的比例，说明每位知友的性别是不确定的，见面时80%的可能性会变成男生，20%的可能性会变成女生！

他们的理由是：因为只有这样才能解释，为什么线下活动时来的都是男生，而线上私信我的都是女生。其实，女生为什么都没来，可能出于一些很简单的原因，比如当天正好有约会。

仅仅因为我们不知道背后的原因，就认为人的性别是可以按一定概率随机改变的，纯属幻想。

这个"背后隐藏的原因"，学名叫作**"隐变量"**。当时包括爱因斯坦在内的很多人都以为，一旦我们揪出了隐变量，量子力学那些混沌不清的阴暗角落，就会被照亮得一览无余。

一个不掷骰子的上帝，一个确定无疑的世界，一个可以被人类的直觉完全理解的宇宙——这，就是爱因斯坦的终极梦想。到那时，"薛定谔的猫"之类的魔幻故事，只能给孙子当《哈利·波特》讲了。

结果，猫的故事还没讲完，薛老师又想了一出"孪生粒子叠加态"，第二次触怒了爱因斯坦大神。

因为这一次，量子力学要挑战的，是相对论。

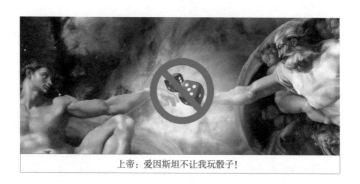

上帝：爱因斯坦不让我玩骰子！

幽灵的威胁

研究微观小世界的量子力学，怎么会和研究宏观大宇宙的相对论结下梁子呢？

这又是薛老师一不小心捅的娄子。

在薛定谔"孪生粒子"的思想实验中，两个相距万里的粒子，观测出 A 的状态，也就知道 B 的状态，因为 A 和 B 都是一个母粒子分裂而成的，B 的状态一定和 A 相反。

因为 A、B 两个粒子的命运紧密相连，牵一发而动全身，所以薛老师给起了个性感的名字：**量子纠缠**。

就好比：母亲把一双鞋分给兄弟俩，他们各带一只远走他乡。中国的哥哥打开盒子发现是左脚，就知道弟弟带到美国的另一只一定是右脚。

看上去，这并没什么稀奇。

稀奇的是，根据量子力学的说法，弟弟那只鞋是左还是右，不是他妈决定的，而是哥哥"打开盒子"的行为决定的！

在哥哥看到左脚鞋的一瞬间，鞋里飞出一个神秘的信号，闪电般穿过万水千山，通知美国的另一只鞋变成右脚！

这个速度能有多快?

无限快。

但是，"上帝"允许无限快的瞬时传送吗?

在这个宇宙中，没有任何物质、能量或信息能超过真空光速 [①]，这是早已被证实无数次的宇宙基本原则，也是

[①] 波的相速度可以超光速，但它不是真实物质的运动速度。另外，在某些反常色散介质中，发现光脉冲的群速度也可以超光速，但这种情况下的群速度不能代表信息传播的速度，也不代表单个光子的运动速度。后续实验证实，光脉冲群速度超光速的现象与光前驱波有关，单光子速度并未超光速。

相对论的大前提。不要说超过光速，就是试图接近光速的行为，都会导致时空的畸变[①]。要想坐上超光速飞船，人类仅有的两个希望，一个是穿过虫洞[②]抄近道，另一个是用传说中的"曲率引擎[③]"扭曲飞船前后方的空间实现超光速移动。不过，它们都是在空间上做文章，而飞船相对于自身空间的运动并没有超过光速。

宇宙的尺度是以"亿光年"为单位计的，在恢宏的空间中，银河系一边发生的任何事情，不可能立即对彼岸的世界造成影响——这就叫**局域性**。就算此时此刻太阳爆炸了[④]，我们还能逍遥自在地活八分钟，因为八分钟后光才来得及从太阳飞到地球。

而对粒子 A 的观测，居然瞬间让远方的粒子 B 的量子叠加态坍缩了？这被爱因斯坦斥为"幽灵般的**超距作用**"。

---

① 即狭义相对论的"钟慢尺缩"效应。

② 虫洞（Wormhole）：连接不同时空的隧道，又称爱因斯坦－罗森桥（Einstein-Rosen Bridge），1930 年由爱因斯坦与纳森·罗森（Nathan Rosen）提出，后被惠勒（John Archibald Wheeler）称为"虫洞"。通过广义相对论的爱因斯坦方程，可以从理论上推导出虫洞存在的可能性，更有研究认为可以做时间旅行，甚至可供人类安全穿越的虫洞都可能存在。但是，目前尚无任何观测证据证明宇宙中确实存在虫洞。

③ 曲率引擎（Warp Drive）：米格尔·阿尔库维耶雷（Miguel Alcubierre）于 1994 年提出的理论设想。曲率引擎可以膨胀飞船后方的空间，同时收缩前方空间，从而实现移动，而飞船相对于自身空间是静止不动的。由于空间本身膨胀／收缩的速度并无限制，所以理论上可以超光速飞行。诸多科幻作品中使用了这一设定，如《星际迷航》《三体》等。但在技术实现方面，目前尚无实质性进展。

④ 这不就是《流浪地球》的剧情吗？

在严谨光荣正确的学术界，"幽灵"，是一个让人联想起伪科学的词。

你在研究什么

不存在超光速，更不存在超距作用，因为它违反了相对论的大前提：局域性。如果量子纠缠允许超光速，那么，是量子力学错了，还是已经被无数次实验证实的相对论错了？

在爱因斯坦看来，这压根儿不是个问题。一双鞋，俩兄弟当时分到的就是哥左弟右；两个粒子，在分裂的一瞬间 A、B 的状态就是确定的。尘埃落定之后，你爱怎么观察就怎么观察呗，为什么要信量子力学那一套"观察决定实验"的鬼话？

只可惜，在量子面前，直觉和常识又一次大错特错。

这个宇宙，真的不简单。

3 量子黑客

超距作用（量子）VS 局域性（爱因斯坦），人们曾经以为，这是个永远不会有答案的问题。

因为如果做实验验证，两者根本没法区分啊！

比方说，先制备一对所谓的纠缠态电子，然后一个运到北京，一个放在上海。我先测量到上海的 A 自旋向上，然后打电话去问北京的同事：哥们儿，你那边测下 B 是什么态？

100% 是自旋向下！

爱因斯坦和量子理论都预言，B 的自旋一定和 A 相反。也就是说，仅凭测量，是不可能区分两种说法谁对谁错的。就好比两人都赌同一个球队赢，如何分胜负呢？

但是不测量，又怎么可能知道它在测量之前是什么？

显然，这个问题无解。

30 年过去，爱因斯坦、玻尔、薛定谔等一代宗师已经成为逝去的传奇，然而还是没有人，认真思考过这个问题。

也许这就是为什么，做出这个近代物理学最重要的大发现的，竟然不是某著名教授，而是一位当时还默默无闻的工程师。也难怪当他投稿之后，文章居然被编辑"不小心"

弄丢了，拖了一两年才发表。

约翰·贝尔，36岁提出"贝尔不等式"，欧核中心（CERN）加速器设计工程师，业余爱好是研究量子力学的基础理论。

我一直觉得，贝尔不像个传统意义上的科学家，倒更像个"量子黑客"。虽然和计算机黑客相比，他破解的是原子而非比特；但是，论及思维之独特、技巧之高超、发现漏洞之敏锐，则是有过之而无不及。

贝尔不等式，就是让量子理论和经典物理一决胜负的方法。如果实验结果表明不等式成立，则爱因斯坦（经典物理代言人）胜；如果不等式不成立，则玻尔（量子理论代言人）胜。

为了让大家看懂贝尔不等式，除了初中数学基础以外，最好先了解一些物理知识。我们用下面这个简化版实验[1]为例：

中间的光源发射出一对纠缠光子，一个飞向左边，一个飞向右边。它们的偏振方向始终保持相同，可能都是水平方向（平行于地面），也可能都是垂直（垂直于地面）[2]。光子通过偏振片时，有可能直接穿过去，也有可能被挡住，其概率取决于光子偏振方向和偏振片方向的夹角。偏振片后面各有一只摄像头，用来观测有多少比例的光子通过了偏振片。

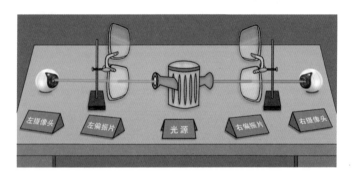

等等！刚才不还在说什么"纠缠电子自旋相反"，怎么现在又说"纠缠光子偏振方向相同"？这个实验和贝尔不等

---

[1]　等效于阿斯派克特（Aspect）实验。

[2]　偏振方向保持相同的纠缠光子可由级联辐射或自发参量下转换（SPDC）过程产生。实际实验中，光子包含所有偏振方向，而非只有水平和垂直两种。因为任何偏振方向都可以看作水平偏振和垂直偏振的叠加，且所有水平偏振态和所有垂直偏振态是等量的，故可做此简化。

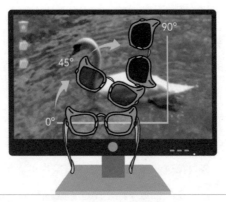

墨镜平放，墨镜偏振方向和显示器光偏振方向都为水平，全亮
墨镜竖放，墨镜偏振方向垂直，光偏振方向仍然水平，全黑[1]

式有什么关系啊？

　　没错。光子的自旋决定了它的偏振，所以光子的偏振就相当于电子的自旋。另外，一对纠缠光子的偏振方向可以相同，也可以互相垂直[2]。为了简单起见，我们就假设在这个实验中，纠缠光子的偏振方向始终相同。

　　如果你还不知道什么是偏振光的话，可以拿一副墨镜，对着电脑显示器或手机屏幕，镜片和屏幕始终保持平行；旋转墨镜时你会发现，当转到某个角度时，屏幕上一片漆黑，

---

[1]　此例中，假设显示器光偏振方向为水平。但不同显示器光的偏振方向不一定相同，常见有水平、45 度角、垂直。同理，墨镜偏振方向也各有不同。

[2]　对于 SPDC 过程生成的纠缠光子对，0 型、I 型的偏振方向互相平行，II 型的偏振方向互相垂直。

一个字也看不见；再转90度，又恢复了光明；0~90度间则是半明半暗。因为大部分墨镜是用偏振片制成，而大部分显示器发出的是单一方向的偏振光，旋转墨镜导致两者偏振方向的夹角发生变化，所以穿透墨镜的光子数量也随之改变。

　　光子通过墨镜的概率，完全取决于光子的偏振方向和墨镜偏折方向的夹角。为了方便理解，请你想象一条鳗鱼（光子），正在努力穿过一条细长的缝（偏振片）。鳗鱼的游动方式和细缝方向越是接近平行，穿过去就越轻而易举；反之，如果两者之间接近垂直，就十有八九被卡住喽。在0~90度之间，通过、通不过的概率也相应变化。

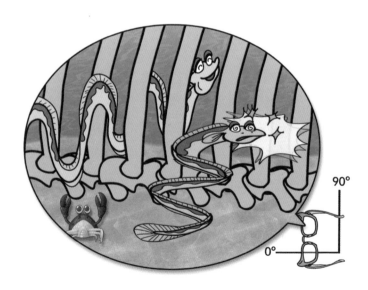

　　　　　　　　　　　　　　　　猫、爱因斯坦和密码学

为了理解这个实验，你只需要记住以下三点：

第一，光的偏振方向什么样的都有，但实验中的光源是特殊的，它发出的每个光子偏振方向要么水平、要么垂直，没有别的角度。

一对纠缠光子的偏振方向就像硬币只有正（垂直角度）反（水平角度）两面，每次抛硬币出现正面或反面是随机的。但两个光子"硬币"的正反面保持同步，每次都是两个正面（垂直角度）或两个反面（水平角度），不会出现一个垂直、一个水平的情况。

光源每次只发射一对纠缠光子，发射 N 次后，每个光子的偏振角度可能就像这样：

	左光子偏振方向	右光子偏振方向
第 1 次发射	垂直	垂直
第 2 次发射	水平	水平
第 3 次发射	水平	水平
……	……	……
第 N 次发射	垂直	垂直

第二，反正很多墨镜就是偏振片做的，我们就用墨镜代替偏振片好了。偏振片正对着光子飞来的方向，后面还有摄像头盯着，就好比你戴上墨镜盯着显示器向你射来的无数光子。你看到的是一片光明还是一片漆黑，代表了光子通过还

是没通过——唯一的区别是，实验中每次只有1个光子飞向你的墨镜。这1个光子要么通过，要么没通过，不存在一半过一半没过的情况。只需旋转墨镜，就能改变它通过/没通过的概率。

第三，墨镜偏振方向与光子偏振方向之间的夹角 θ（读音"西塔"），决定了光子通过墨镜的概率。最简单的两种情况是：墨镜看到一片光明，此时 θ=0°，相当于光子与墨镜偏振方向平行，光子一定通过；θ=90°，一定被阻挡，墨镜一片漆黑。其他角度不用你算[1]，记住下表的结论就好，后面会用到。实验中的 θ 只涉及以下4种角度：

θ 角	光子通过的概率	光子被挡的概率
0°	100%	0%
30°	75%	25%
60°	25%	75%
90°	0%	100%

以上，就是理解贝尔不等式所需的所有知识了。

准备好了吗？

下面，请欣赏相声《两个世界体系的对话》[2]，有请爱

---

[1]　数学公式为：光子通过的概率 =$\cos^2(\theta)$，被阻挡的概率 =$\sin^2(\theta)$。

[2]　这个名字来源于伽利略的著作《关于托勒密和哥白尼两大世界体系的对话》，书中人物分别代表地心说与日心说展开辩论。

因斯坦、玻尔登场！

爱因斯坦和玻尔，各自从左右两边走进了实验室。

爱因斯坦：玻尔，是你？你怎么会在这儿？

玻尔：哟，老爱！好久不见！我想死你啦！（拥抱）……话说，您不是已经走了60多年了吗？

爱因斯坦：老小子，你也快60年啦！

玻尔：（面向观众）今天我们俩来给大家说段相声。物理学，是一门基础学科，讲究四门功课[①]：经典力学、量子力学……

爱因斯坦：您打住——咱俩今天来这儿，好像不是为了

_____

① "四门功课"指四大力学：经典力学、量子力学、电动力学和统计力学。

这事吧？

玻尔：所以咱们来这儿是因为？

爱因斯坦：昨天晚上，一个叫贝尔的小伙子给我打了个电话，说今日此时，到这里来和量子力学一决胜负。

玻尔：您这么一说我想起来了，他也给我打了电话。不过他对我说的是，让我来用量子力学给你们这些老家伙一点color see see。

爱因斯坦：嚯，好家伙，好大的口气！

玻尔：（指着身前的仪器）瞧，仪器都给咱安排好了。不过贝尔这小子也忒不地道了，为了省钱，竟然拿墨镜当偏振片用。

爱因斯坦：欸？这儿还有张字条，上面写着……

玻尔：您给念念。

爱因斯坦念道：今天请两位大师齐聚一堂，是为了解决"量子局域性"问题之争。经过我对初中数学课本的潜心研究，我发现，不等式是解决问题的关键！当一对纠缠态光子射向两边的偏振片时，量子力学的预言和经典物理的预言将明显不同。请二位做三次实验，计算一对光子其中一个通过偏振片、同时另一个没通过的概率，胜负自见分晓。——约翰·贝尔。

玻尔：我是搞量子的，您不就是那啥"经典物理"……老古董嘛。

爱因斯坦：（一怒之下）你们搞的那玩意儿才叫扯！连

21 世纪的人都理解不了!

玻尔:光说不练假把式,要不咱来来?

爱因斯坦:来就来!

第 一 回 合

ROUND 碗

▼

玻尔:第一次实验,两边的墨镜偏振方向初始都是0度,也就是与地面垂直。

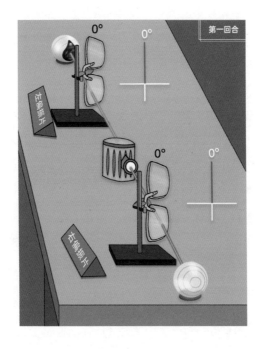

如果光子的偏振方向也是垂直，墨镜与光子偏振方向的夹角 $\theta = 0°$，它将100%地通过偏振片，被摄像头拍到；如果是水平，它一定通不过偏振片，摄像头会发现没有光子通过。我设定了发射100个（50对）纠缠光子，每次发射一对，看摄像头就可以判断光子的偏振方向是垂直还是水平。

玻尔：让我先算算，根据量子力学，左右两边通过的光子比例是……你带草稿纸了没？

爱因斯坦：啥？这么简单的问题还用算？

玻尔：（在桌上奋笔疾书）纠缠光子的波函数是……左光子偏振方向是垂直的概率波是……偏振方向为水平的概率波是……

爱因斯坦：算完了吗？

玻尔：（满头大汗）等会儿……取基矢为……左矢乘右矢……

爱因斯坦：（声音洪亮）一对光子，其中一个通过偏振片、另一个没通过的概率为0。

玻尔：（惊讶）和我算出来的结果一样！

爱因斯坦：（无奈）你们搞量子的，就喜欢把简单问题复杂化。这还用算？因为所以，科学道理！

玻尔：您给说说？

爱因斯坦：你想啊，自打这俩光子从娘胎出来的时候，它们的偏振方向就定了；因为是双胞胎，所以要么两个都是垂直，要么两个都是水平，两者必须保持同步，一个垂直一个水平的根本不存在。而两个墨镜初始都是垂直方向，所以要么俩光子都过，要么俩都没过！

玻尔：（转向仪器）实验结果确实如此！总共发射了100个（50对）光子，左边摄像头拍到25个，右边摄像头也拍到25个，正好一半的光子通过偏振片。再看每次发射记录……要么两边都通过，要么两边都不过，一边过一边不过的情况一个都没有！

爱因斯坦：早就说了，你们量子算出来的，和我们经典的都一样，怎么分输赢呢？

玻尔：慢着，我们量子可大有不同啊！比如您刚才说这俩光子一出娘胎，偏振方向就定了。但是我们做了很多量子实验发现，并非如此！光子的偏振是在观测时才决定的，而且一个光子变了，另一个瞬间跟着变！

爱因斯坦：（摇头）又来了。要不咱再做次实验？

第 二 回 合
ROUND 兔
▼

玻尔：好嘞！现在我做第二个实验，把左墨镜旋转30度，其他不动。

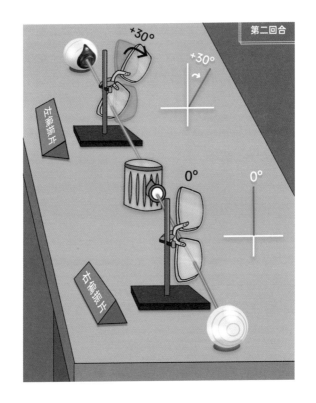

这样，如果左光子偏振是垂直方向，通过的概率是75%；如果是水平，通过概率是25%。至于一个通过、一个不通过的概率，我用量子力学算出来的预测是……

爱因斯坦：（清清嗓子）25%。

玻尔：（惊讶）又和我一样！（转向仪器）实验结果也是如此！

爱因斯坦：（微笑）这还不简单，听好了：

刚才说过，一对光子的偏振方向要么两个都垂直，要么两个都水平。两种情况分别讨论。

当两个光子都垂直时：右光子全部通过，因为右偏振片本来就是垂直方向；而左边墨镜刚才转了 30 度，$\theta = 30°$，导致左光子被阻挡概率是 25%。所以在这种情况下，一边通过、另一边不过的概率等于 25%。

4 次发射中有 1 次"只有一边通过"（25%）

	左光子是否通过	右光子是否通过
第 1 次发射	√	√
第 2 次发射	√	√
第 3 次发射	√	√
第 4 次发射	×	√

当两个光子都水平时：右光子全部被挡，左光子 $\theta = 60°$，通过的概率为 25%。一对光子中"只有一边通过"的概率也是 25%。

4 次发射中有 1 次"只有一边通过"（25%）

	左光子是否通过	右光子是否通过
第 1 次发射	√	×
第 2 次发射	×	×
第 3 次发射	×	×
第 4 次发射	×	×

因为两个光子都垂直或者都水平的概率各占一半，所以整体概率等于以上两个概率的平均，也就是25%。

玻尔：算得通透！所以咱老哥俩又是不分胜负？

爱因斯坦：嗐，可不是嘛。

第三回合

ROUND 死瑞

▼

玻尔：还有最后一次实验。现在我把右边墨镜也转30度，但是转的方向和左边墨镜相反（负30度）。现在两个墨镜之间夹角是60度。

玻尔：老爱，你怎么不说话了？你厉害，你就说按你们那经典算法，概率是多少吧？

爱因斯坦：（沉思状）我不知道。

玻尔：啥？

爱因斯坦：我是说我不知道精确值，但可以估算一个范围。

因为两个光子的偏振方向诞生时已经定了，左光子过没过不影响右光子，所以可以把这个实验拆成左右两半单独来看。

还是分两种情况讨论：先考虑两个光子都垂直。简单起见，假设总共只发射4对光子。在偏振片左30度、右0度时，左光子 $\theta = 30°$ （通过概率75%），所以大约有3个左光子

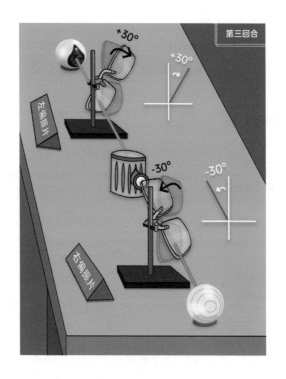

通过、1 个左光子被挡。如果换成左 0 度、右负 30 度，同理，应有 3 个右光子通过、1 个被挡。

　　现在问题来了：我说不知道精确值，是因为当左光子通过时，和它一对的那个右光子可能通过（75% 概率），也可能没过（25% 概率）！但我可以估个范围：最好情况下，每次左光子通过时，右光子都没通过，那么"只有一边通过"的情况共出现 2 次，占 50%；最差情况下，每次左光子通过时，右光子也同时通过，"只有一边通过"的情况一次也没发生，概率为 0%。

最好情况：4 次发射中有 2 次"只有一边通过"（50%）

	左光子是否通过	右光子是否通过
第 1 次发射	√	×
第 2 次发射	√	√
第 3 次发射	√	√
第 4 次发射	×	√

最差情况："只有一次通过"一次也没发生（0%）

	左光子是否通过	右光子是否通过
第 1 次发射	√	√
第 2 次发射	√	√
第 3 次发射	√	√
第 4 次发射	×	×

同理，再考虑两个光子都水平的情况，算出结果和上面一样。所以，"只有一边通过"的概率 ≥ 0%，≤ 50%。这就是贝尔那小子说的什么不等式吧？

玻尔：（竖起大拇指）精彩！老爱啊，没想到过了这么多年，你的思路还是如此清晰，赞一个！但有一点咱们得掰扯掰扯：你说左边过没过不影响右边，所以把两边当作独立事件来算，这可大错特错！量子力学的计算结果表明，两个光子穿没穿过偏振片的事件是相互影响的，其概率只和两个偏振片方向的夹角有关①。也就是说，左30度、右负30度的偏振片设置，和左0度、右60度作用相同，"只有一边通过"的概率都是75%！

爱因斯坦：什么？这完全超出了我刚才算的范围（0%~50%）啊！贝尔不等式不成立了啊！这不可能！！

玻尔：（指着仪器）睁大眼睛看看吧，实验结果就是75%！哈哈，当年我们两个打了多少次平手，现在我终于赢了你第二次！

爱因斯坦：第二次？我怎么不记得有第一次？

玻尔：第一次就是，我得诺贝尔奖比你早一年！

爱因斯坦：好吧，不跟你说了，我先撤了。

玻尔：怎么急着走啊？

爱因斯坦：回去恶补量子力学……

玻尔：这就对了！

爱因斯坦：……然后找出它的漏洞！量子力学是不完备的，你连波函数怎么个"坍缩"都说不清！你给我等着，我会杀回来的！（走出实验室）

玻尔：（面向观众，摊手）其实，我真的不知道"坍缩"是怎么回事，不过算出来对不就行了？

――――――――――――

① 　量子力学推导结果为：设左偏振片偏振角为 α，右偏振片偏振角为 β，则两个光子一边过、一边不过的概率是 $\sin^2(\alpha-\beta)$，其概率只与两偏振片的夹角（α-β）有关。

观众：吁……

━━━━━━━ 我是量子社的分割线 ━━━━━━━

如果爱因斯坦的局域性理论是对的，左光子穿没穿过偏振片，和右光子一毛钱关系没有，"只有一边通过"的概率应符合贝尔不等式，在 0%~50% 之间。但是用量子力学算出来的结果是 75%，和局域性理论的预测出现了明显差异，这就叫"贝尔不等式不成立"。

能让爱因斯坦和玻尔一决高下的不等式，在数学上居然非常简单。贝尔不等式的推导，除了加减乘除四则运算以外，唯一用到的"高等数学"就是不等式定理，只要学过初中代数就能理解。

专家教授大师们看到贝尔不等式，先是嗤之以鼻，接着目瞪口呆，最后是深深的悔恨：

我怎么就没有想到啊！

这个深藏 30 年的宇宙级 bug，就这样被贝工挖了出来。贝尔不等式的诞生，宣告了量子局域性之争，从哲学思辨变为实验可证伪的科学理论。

20 年后（1982 年），法国人阿斯派克特第一个通过实验成功验证了贝尔不等式[1]，结论：量子力学获胜。幽灵般

---

[1]　阿兰·阿斯派克特（Alain Aspect）于 1980 年至 1982 年间做了多次实验以验证贝尔不等式，统称"阿斯派克特实验"。

阿斯派克特验证贝尔不等式的实验室

的超距作用，是真的！

为了万无一失，阿斯派克特把这个实验做了三次：第一次实验结果偏离贝尔不等式就达到了 9 倍误差范围[①]，和量子理论的预测完全吻合；第二次，采用"双通道"技术改进后，偏离提高到了 40 倍误差；最变态的是第三次，阿斯派克特把双缝干涉实验里的"延迟选择"用到了自己的实验里，偏振片的方向是在光子快到偏振片的那一刻随机决定的——当然，实验结果仍然 100% 地站在了量子理论这边！

---

① 指通过实验数据得到的某个数值是实验误差范围的多少倍。倍数越大，实验越有说服力，因为这意味着实验数据不可能仅仅是误差造成的。

万万没想到，实验结果揭晓之后，最高兴不起来的，居然是贝尔本人。

讽刺的是，贝尔原来是爱因斯坦的忠实信徒，人家下了班不去约会而去搞不等式，原来就是为了证明量子力学错了！更讽刺的是，那个加"延迟选择"的高级版实验[①]还是贝尔建议阿斯派克特做的，这让贝尔情何以堪……

后来，贝尔花了大半辈子的时间，试图找出实验的漏洞，去世之前还在思考如何修正局域性理论。

当然，这一切并没有什么用。

从阿斯派克特实验至今30多年，人们在光子、原子、离子、超导比特、固态量子比特等许多系统中都验证了贝尔不等式，所有实验无一例外，**全部支持量子理论**。

如今，已经没有人怀疑量子世界的奇异和真实。但很多人还是忍不住会想，贝尔不等式什么的还是太抽象了，能不能亲眼见证量子纠缠的魔力呢？

---

① 指第三次阿斯派克特实验。

4 幽灵成像

比起喜欢用数学公式讲道理的贝尔，搞量子光学的史砚华可就实在多了。

我觉得，史教授2008年发明的"幽灵成像"，应该是证明量子纠缠绝非幻想的最直观的实验。

幽灵成像的原理通俗易懂：先把红光子和蓝光子"纠缠"到一起，然后两者分开各走各路。红光穿过狭缝打出一定形状的图案，蓝光不穿缝正常走。

第一次幽灵成像传送的，是史教授大学的logo（马里兰大学）

如果这个实验能够早70年做出来，我真想看看爱因斯坦的表情。

活见鬼了……

　　这次，你总不能说：光子在纠缠之前就已经是那个形状了吧！

　　每个光子能不能穿过狭缝，是在出发后才决定的。发生在红光子身上的所有事，蓝光子也会分毫不差地经历一遍。这样看来，仅仅把量子纠缠比作龙凤胎还远远不够，它们出生时珠联璧合，长大以后仍然是生死与共！

　　而且，通过改变红光那边狭缝的形状，想让蓝光打出什么样的图案都可以。

　　这意味着，如果把红光的狭缝端作为发送方，把蓝光的成像端作为接收方，我们就可以远程发送图像甚至视频，而无论发送方与接收方之间距离多远！哪怕从宇宙的另一端传过来都是瞬时传输的，延迟时间永远为零。

这岂不是违反相对论"任何物质和信息不能超过光速"的公理了吗？

并没有。

虽然信息是瞬时传送过来了，但要把其中的乱码剔除，提取出真正的内容，还是得让发送方用不超光速的传统方式再发一个"纠错码"。

为什么？

原因很简单：蓝光子没有受到任何阻挡，被接收方统统收下，并没有哪一个蓝光子会在半途中人间蒸发。收到的蓝光如果不做处理、直接显示成图像一看，就是蓝乎乎的一坨，哪儿有什么图案啊？

其实，真正的图案就隐藏其中，只是需要某种方法把它识别出来。

方法就是找出和每个红光子成对的那个蓝光子。根据双缝干涉的经验我们知道，如果把光子一个一个地发射，和一齐发射的效果相同，最终屏幕上该是啥还是啥。在"幽灵成像"实验中，如果把每对纠缠光子逐个发射，同样能传输图像。但区别在于：逐个发射时，我们就能判断每个蓝光子对应的那个孪生红光子是不是真的穿过狭缝了！

发射一对红蓝光子后，蓝光子100%被收到，而红光子就不一定了：也许它穿过了狭缝（收到），也许被挡住了（没收到）。在每次发射后，如果收到红光子，就把对应的蓝光子标记为"保留";如果没收到,就把对应的蓝光子标记为"丢弃"。这样,我们就能把那些穿过狭缝、形成图案的红光子的亲兄弟挑出来,而不是把所有蓝光子照单全收。等全部光子发射完成,我们再去盘点收到的蓝光子,把标记为"保留"的留下,把标记为"丢弃"的剔除,最后剩下的蓝光子就形成了狭缝的图案。

所以,接收方光有瞬时传送过来的一坨蓝光也没用,还得等红光那头的哥们告诉他每个蓝光子对应的红光子有没有收到。这个至关重要的"纠错码",无论是打电话、发微信还是用别的方式传过来,都不可能超过光速。让爱因斯坦操碎了心的"超光速"问题,原来只是杞人忧天!

大自然就是如此**微妙**。

宇宙的规则也许看似奇怪,内在却有着惊人的自洽性。我们只能说相对论和量子力学之间存在着某些理论上的矛盾[①],但从未发现物理规律本身有自相矛盾的地方。

如果把宇宙看作一个系统或者产品,最令人细思恐极的是:无论狡猾的人类捣鼓出多么刁钻古怪的实验,这个

[①] 作为人类有史以来最成功的两大理论,相对论和量子力学的结合却遇到了始料未及的巨大障碍。狭义相对论尚且可以和量子力学结合为量子场论,但计算结果会出现莫名其妙的无穷大,只能用"重整化"的技术手段将其人为抵消。广义相对论中的引力连重整化都做不到,所以无法与量子力学结合。将两者合二为一的梦想称为"统一场论",目前最有希望的候选人有弦论、圈量子引力等,但都未经实验证实。

同时在线用户数高达 10^{80}（1 后面跟 80 个 0）^① 的产品却从来、从来不会被搞出 bug。

你什么时候见过宇宙蓝屏重启了？

如果这个宇宙真有一个产品经理的话，请收下我卑微的膝盖。

捎带一个问题：

为什么，您的宇宙中会有量子纠缠？

<hr />

① 　10^{80}：宇宙中所有原子总数（数量级估算）。

5 宇宙的洪荒之力

100 多年前，量子力学的祖师爷玻尔说：

"如果你没有被量子力学惊到，那你肯定不懂量子力学。[①]"

爱因斯坦：

"我思考量子力学的时间百倍于广义相对论，但依然不明白。"

造出第一颗原子弹的费曼更直接：

"我可以有把握地说，没有人懂量子力学！[②]"

学了 100 多年的量子力学，今天，我们懂了吗？

"墨子号"首席科学家、中国量子通信第一人潘建伟曾说：

"只要我把为什么会有量子纠缠弄明白的话，我马上就可以**死**。"

朝闻道，夕死可矣。一代又一代科学家，就是以这样纯粹的好奇心，为科学"死去活来"。

---

① 原文为：If quantum mechanics hasn't profoundly shocked you, you haven't understood it yet.

② 原文见费曼所著 *The Character of Physical Law* 第六章。

接着潘院士又说：

"但是现在又不能马上搞清楚，所以我又希望活得很久……"

考虑到潘院士今年才 50 岁，这句话似乎暗示着，我们在 50 年后都不一定能搞懂量子了。

这些牛人说的"不懂"，可不是小学生学不会四则运算的那种"不懂"。我们已经搞清了微观世界的所有基本规则，建立了强大的数学模型，算出来的理论预测和实验结果分毫不差。但我们只是一个拿到使用说明书的孩子，对于其意义和目的一无所知。

不过，科学家在应用量子理论的同时，从未放弃过对其本质的探索。现在，越来越多的线索显示，量子纠缠的背后，可能隐藏着一个巨大的秘密。

2013 年，弦论达人马尔达西纳（Juan Maldancena）和理论物理学家萨斯坎德（Leonard Susskind）发现，量子纠缠和虫洞在数学模型上非常相似。他们猜想，量子纠缠也许就是一个微型虫洞，除了大小悬殊以外，它们没有本质区别。这个猜想被称为 ER=EPR。

ER 是 Einstein-Rosen 的缩写，代表爱因斯坦－罗森桥，一种不可穿越的虫洞；EPR（Einstein-Podolsky-Rosen）是爱因斯坦－波多尔斯基－罗森佯谬，代表量子纠缠。量子纠缠和虫洞都具有两个相同的特性：

1.虽然有瞬时连接，但无法用来传送信息。

2.不能通过局域操作和经典通信创造。

如果"ER=EPR"的猜想是对的，我们可以先制造 N
对纠缠粒子，然后把它们一对对分开，分别运到相隔万里
的地方。当它们分别坍缩成黑洞 A 和 B，组成这两个黑洞
的所有粒子之间仍然保持着纠缠——这就是虫洞，两个黑
洞间大号的量子纠缠！而反过来，微观粒子的量子纠缠就
是小号的虫洞。量子纠缠最神秘的现象"超距作用"，其
实并没有超越光速，而是像虫洞那样穿越了时空。这就是
孪生粒子能够异地千里，同呼吸、共命运的真正原因。

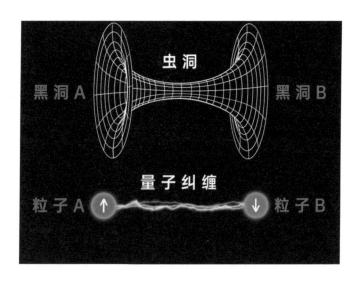

而 2010 年范·拉姆斯登克（Mark van Raamsdonk）在

其独立研究中，发现了更为惊人的线索。

拉姆斯登克建立了一个三维宇宙模型。和真实的宇宙类似[①]，这个模型宇宙内部的粒子同时存在量子纠缠和万有引力。他在数学上证明[②]，一旦把模型中的量子纠缠去掉，时间和空间就会被打乱成碎片。拉姆斯登克意识到，正是无处不在的量子纠缠，像建筑物的钢筋结构件一样，把本应支离破碎的时空编织成了一个整体。他说："我当时觉得，我理解了此前从未有人解释过的一个基本问题的某些实质——时空的本质是什么。"

在有进一步的实验证据之前，我们无法评价这些纯粹基于理论的猜想到底有多靠谱。但是，令理论物理学家们心跳加速的是，各条独立的线索似乎指向着同一个宝藏。找到它，发现量子纠缠真正的秘密，就有可能理解在开天辟地、宇宙洪荒的大爆炸时刻，宇宙是怎样被建造出来的。正如惠勒所言："未来的物理学应当来自我们对量子理论

[①]　区别在于，这个宇宙模型是反德西特空间（Anti-de Sitter Space），时空曲率为负（二维的反德西特空间类似马鞍面），不会膨胀或收缩。目前认为真实的宇宙时空曲率为正（二维时类似球面），且正在加速膨胀。

[②]　证明的关键部分使用了马尔达西纳提出的反德西特 / 共形论对偶（Ads/CFT）。利用该理论，可将存在引力的三维反德西特空间映射到一个不存在引力的边界二维空间，就像气球内部的三维空间和二维的气球膜一样。两者包含的信息完全相等（全息原理），故可用不考虑引力的量子场论相对方便地计算低维空间中的物理系统，从而等效地计算三维反德西特空间中的量子引力。

的更深入理解。"为了传说中的 One Piece（《海贼王》里的一种宝藏），身怀绝技的人们纷纷踏上了量子时代的大航海之路。

有人说：哲学家们只是用不同的方式解释世界，而问题在于改变世界[1]。

其实，科学和文明的高度，取决于我们对于世界理解的深度。

通过认识和理解世界，猿人把手中的石块换成了自然规律，拥有了改天换日的力量。当一群不食人间烟火的理工男在实验室热烈地争论原子模型[2]时，谁能想到，30年后广岛在火海中的哭喊？

---

[1]　出自卡尔·马克思《关于费尔巴哈的提纲》。
[2]　指卢瑟福原子模型，1911 年由英国物理学家欧内斯特·卢瑟福提出。

这是合成图，但意思你懂的 [1]

　　自从 1900 年普朗克发明"quantum"这个单词至今，量子终于从哲学辩论会的题材，变成了魔法般的黑科技。基于量子纠缠，可以造出比现在快 1 亿倍的量子计算机；而超距作用和贝尔不等式，则把量子纠缠变成了加密通信领域的终极武器。

　　改变世界的时刻，真的到了。

----

[1]　此为合成图，背景为 1942 年 7 月 14 日内华达沙漠原子弹"小男孩"试爆炸场景，前景（爱因斯坦骑车）摄于 1933 年 2 月 6 日，加利福尼亚州圣芭芭拉。

终

极

密

码

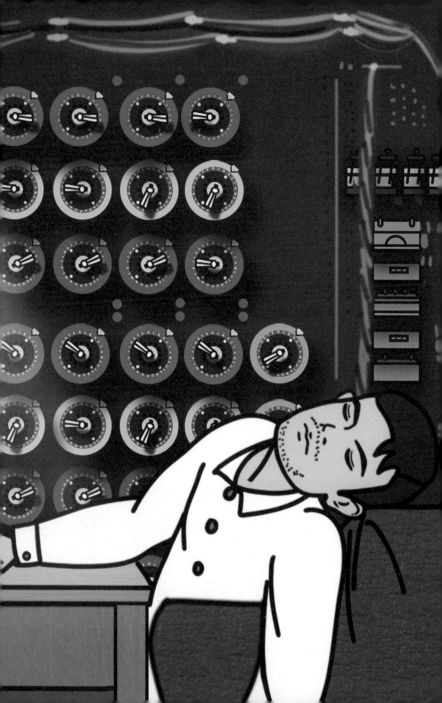

从恺撒大帝
到神探卷福
从纳粹党魁希特勒
到 AI 之父图灵……

通信领域的
终极密码
是怎样诞生的?

公元前 54 年，深冬。

高卢，毕布拉克德^①。

罗马共和国高卢行省省长——尤里乌斯·恺撒，借着帐篷里的烛火，正在一张羊皮上写着什么。

战况紧急！

恺撒的爱将西塞罗，已经被维尔纳人围困多日。再这样下去，西塞罗不是战死，就是投降。

现在，必须立刻派一名骑兵送信给西塞罗，命令他重整旗鼓，和自己的援军里应外合、合力突围。

可是，万一这封信被敌人截获怎么办？计划不就暴露啦？

想到这里，他不由自主地停下了笔。棱角分明的脸上，分明掠过一丝狡猾的微笑……

---

① 　现法国境内伯夫雷山。

尤里乌斯 · 恺撒
Gaius Julius Caesar

我在罗马的顶点等你

猫、爱因斯坦和密码学

① 密码简史

罗马史上第一位独裁者、罗马帝国之父、攻无不克的名将、日历发明家 ①、拉丁语文学家 ②、埃及艳后克里奥帕特拉背后的男人 ③……除了这些声名赫赫的传奇事迹，恺撒大帝还有一个鲜为人知的技能点：密码学。

其实，大帝并不是历史上第一个想出加密算法的人。据说我朝的姜子牙在三千年前，就发明了古装版密码本《阴书》。公元前 4 世纪，古希腊人发明了卷轴式密码本《天书》；公元前 5 世纪的斯巴达汉子，也会把皮带卷在一根木棒上，只有特定直径的"密码棒"才能把皮带上的字还原成明文。但今天我们仍旧把密码学归功于恺撒，是因为恺撒密码，很可能是首个广泛运用到军事通信领域的加密技术。

---

① 　一年 12 个月、每年 365 天、四年一闰，这些都起源于恺撒。自公元前 45 年 1 月 1 日起，恺撒用儒略历（Julian Calendar）取代了罗马旧历。有个月份的名字就是恺撒的名字：July，因为恺撒生于七月。

② 　恺撒写的《高卢战记》和《内战记》现在都是拉丁语文学历史名著。恺撒给元老院发的一封只有三个词的捷报就是家喻户晓的名言：我来，我见，我征服。（Veni, Vidi, Vici）

③ 　恺撒征服埃及时被皇后克丽奥帕拉塔"征服"，将其扶上王位成为埃及女王，并与克里奥帕拉塔育有一儿一女。恺撒死后，埃及艳后投靠了恺撒麾下大将安东尼。在争夺罗马王位的战争中，安东尼被屋大维击败后自刎，克里奥帕拉塔用毒蛇自杀（传说），她和恺撒的子女也被屋大维斩草除根。

恺撒密码的原理，说白了就是一个词：**替换**！

如果心里想的是字母 A，纸上就写 B；要写 B，就用 C 代替。当然，我也可以用 D 替换 A、用 E 替换 B，以此类推（偏移 3 个字母）。

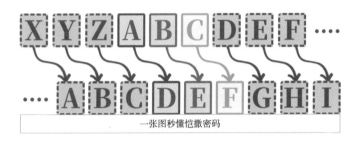

一张图秒懂恺撒密码

只要收发双方都知道**偏移量**是几，就能轻松加密和解密；而外人看到的无非是一堆乱码。

上课传小纸条，有了新招数！心里想（明文）：I love U；老师看到（密文）：L oryh X。

今天看来，这种算法极易破解，毫无技术含量可言。但在当年的罗马战场，这就是令吃瓜群众望而生畏的黑科技！

在恺撒制霸罗马的全盛时期，就连教主耶稣都不得不服："上帝的归上帝，恺撒的归恺撒。[1]"所谓"恺撒的归恺撒"，是因为耶稣所在的中东地区（今以色列耶路撒冷）

---

[1] 见《圣经·新约》马太福音。

当时已被罗马征服，人们必须用印着恺撒头像的货币（恺撒的）向罗马帝国[①]缴税（归恺撒）。

然而讽刺的是，这样一位狂拽酷炫还精通密码谍战的军事天才，却死于一场密谋政变，生生被戳 23 刀[②]。为了纪念大帝，人们把恺撒制成了扑克牌上的标本：方块 K[③]。

又过了一千多年，恺撒大帝和他的罗马帝国早已灰飞烟灭，而恺撒密码和扑克却被后人发扬光大。

尤里乌斯·老 K·恺撒

---

①   准确地说，恺撒时代的罗马仍称"共和国"而非"帝国"，罗马帝国是在恺撒死后，由他的继承人屋大维建立的。不过，恺撒统治下的罗马已经成为事实上的帝国前身。

②   公元前 44 年 3 月 15 日，恺撒在参加元老院会议时，被 60 名元老院议员围住刺杀。但恺撒之死并没能阻挡罗马从共和变成帝国，恺撒的侄子屋大维后来成为罗马第一个皇帝。

③   其他各位老 K 也都来头不小：红桃 K 是法兰克国王查理曼大帝，黑桃 K 是以色列国王大卫（没错，正是肩上搭着"搓澡巾"的那个雕塑），梅花 K 是马其顿国王亚历山大大帝。只有方块 K 的国王是侧脸，因为罗马帝国硬币上印的是恺撒的侧脸。

跳舞的小人

原版的恺撒密码，是用字母替换字母，而且所有字母还是按照偏移量顺序替换的，极大地降低了破解难度。

到了维多利亚时代，这两个弱点终于有所改进。于是，连福尔摩斯逮到的一个普通黑帮小弟，都学会原创这样的密码了：

我们来看看，传说中的卷福，是怎样破解这种**图形密码**的。

第一张纸条

在英文字母中 E 最常见。第一张纸条上的 15 个小人，其中有 4 个完全一样，因此猜它是 E。

这些图形中，有的带小旗，有的没有小旗。从小旗的分布来看，带旗的图形可能是用来把这个句子分成一个个单词。

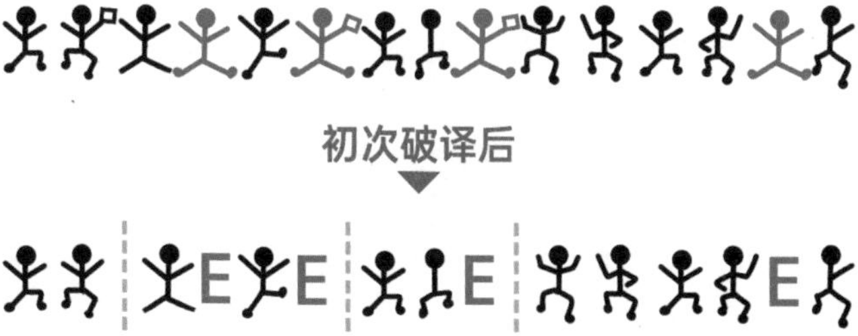

初次破译后

现在最难的问题来了。

因为，除了 E 以外，英文字母出现次数的顺序并不很清楚。要是把每一种组合都试一遍，那会是一件痛苦无止境的工作。

我只好等来了新材料再说。

新材料来了：第二张纸条

根据似乎只有一个单词的一句话，我找出了第 2 个和第 4 个都是 E。

这个单词可能是 sever（切断），也可能是 lever（杠杆），或者 never（决不）。

毫无疑问，使用 never 这个词来回答一项请求的可能性极大，所以其他三个小人分别代表 N、V 和 R。

————— 我是推理结束的分割线 —————

如此这般以此类推，福尔摩斯利用上（主）下（角）文（光）逐（环）个（的）击（加）破（持），分分钟破译了全部 52 个密文：

《跳舞的小人》解读表

　　所有基于替换法的加密算法，都有一个致命的弱点。凡是用字母构成的文字，其字母分布都要符合语言规律，比如英文单词中 E 最常见，Z 和 X 最罕见。无论把字母替换成多么奇葩的东西，符号的分布规律永远不会变。用概率统计＋穷举法＋玩填字游戏的基本技巧，任何密文的破解只是时间问题。

　　就当大家都以为恺撒密码的发展已经走到头的时候，德国人谢尔比乌斯却给替换式密码来了一次大升级，造就了有史以来最可靠的加密系统。

这就是一度令盟军绝望的噩梦、让希特勒成也萧何败也萧何的二战谍报神器：英格玛密码机（enigma）[①]。

二战时期德军使用的英格玛密码机

————————

①　Enigma，常译为"英格玛"或"恩尼格玛"，德语意为"谜"，英格玛密码机又被称为"奇谜"。

机器新脑

英格玛密码机到底牛在哪里?

❶ 机器加密

这是世界首台全自动加密机器,而此前编码、译码一直靠人力。用机器的好处不仅是省时省力,而且,可以轻松搞定人力难以企及的复杂算法。

❷ 复式替换

虽然基础原理和恺撒密码相同,但英格玛的字符替换方式却升级了不止一个档次:复式替换。

英格玛的精髓在于"编码器",它通过"转子"转动的方式实时改变替换方式。一个转子有 26 档[1],每一档代表一种替换模式,例如:

第 1 档:把 A 换成 B、B 换成 C、C 换成 D……

第 2 档:把 A 换成 Z、B 换成 Y、C 换成 X……

第 3 档:把 A 换成 Q、B 换成 G、C 换成 D……

---

[1] 因为 26 档每档刻着一个字母,所以你也可以把第 1 档叫作 A 档,第 2 档叫 B 档,以此类推。

如果单独看每一档，不过是最简单的恺撒替换法而已；但每敲一个字，转子就像左轮手枪一样转动一档，自动切换成不同的替换模式。输入 26 个字母后，每个字使用的替换模式都不同，让依赖频率分析、概率统计的破解方法从此无的放矢。这，就是复式替换的威力。

也就是说，如果你连打 3 个 A，恺撒密码的密文可能是 BBB，也可能是 CCC；无论把 A 替换成什么字，3 个相同字母加密后也必然相同。但英格玛的密文却可能是 BZQ！这是大帝永远做不到的。

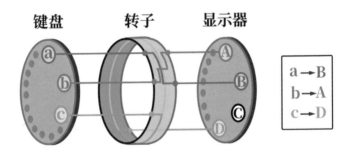

原版的英格玛密码机只有一个转子，输入 26 个字母后，从第 27 个字母开始的加密模式又循环回到了最初的模式。也就是说，复式替换的加密模式是有限的，会产生重复。二战时期，德军为了万无一失，把转子加到了 3 个，这样加密 26 × 26 × 26=17576 个字母后才能走完一次循环。

更变态的是，创始人谢尔比乌斯又想出了一个新招：把每个转子都做成可插拔的，3 个转子可以互换位置，它们的排列顺序也会改变加密模式。比如，【转子 1 | 转子 2 | 转子 3】和【转子 3 | 转子 2 | 转子 1】的加密结果会完全不同。这样一来，加密模式又增加了 6 倍，3 个转子所有可能的设置，高达 26 × 26 × 26 × 6 = 105,654 种组合！

还没完——谢尔比乌斯又出了第二招：在键盘和编码器之间加一块"接线板"，它可以临时将个别字母的加密方式对调。比如设置 A 和 B 对调，那么原来 AAA 加密后的密文 BZQ 就会变成 CYG(注：本章前文提到

AAA、BBB 的密文可能性）。在 26 个字母中，可以选择任意 6 对字母进行对调。光是对调这一招，就产生了 100,391,791,500（约等于 1000 亿）种变化！

那么，英格玛到底有多少种加密模式呢？

仅仅编码器就有 105,654 种不同组合，再乘以接线板的 100,391,791,500，等于：

$$10,586,916,764,424,000$$

眼花了吧？这个天文数字约等于 1 后面跟 16 个 0：1 亿亿。

如果纯靠碰运气瞎猜，就算不吃不喝、每秒钟测试一种加密模式，也得花 3 亿多年才能把英格玛的所有模式全都试一遍。这样一来，连穷举法暴力破解的一线希望都断了念想。

这么复杂的加密系统，解密时却和密码锁一样简单：只需再拿一台英格玛，把 3 个转子的位置拨到和发件人机器相同，然后将密文再加密一次，就能自动还原成明文。21 世纪的现代人恐怕难以想象，在那个连集成电路都没有的时代，如此精妙的设计竟是用齿轮和电线实现的，发明家的巧思实在令人叹为观止！

不过，发明复式加密的并非只有谢尔比乌斯一人，当时至少有三位发明家都研发了以转轮编码器为核心技术的加密机器，但他们的境遇却令人唏嘘。

　　　　　　　　　猫、爱因斯坦和密码学

脱坑最早的是荷兰人亚历山大·科赫（Alexander Koch），因为找不到客户，8年后（1927年）就卖掉了自己的专利；入坑最深的是美国人爱德华·赫本（Edward Hebern），1920年左右他投资38万美元（相当于今天的1.5亿人民币）建厂量产加密机，最终只卖掉了12台；而最惨淡的要数瑞典人亚维·当姆（Arvid Damm），他至死都没能把产品卖出去，连专利都没人要……

一项跨时代的发明竟沦落到如此下场，为什么？答案很简单：市场不埋单。一台基础款英格玛的价格相当于今天的20万人民币，要想说服甲方爸爸乖乖剁手下单可没那么容易。当然，根本上还是因为客户觉得没用。传统的加密手段虽然简单，但是够用就好，何必把银子浪费在"加密"这件小事上呢？

当全世界都嫌复式加密又贵又没用的时候，只有德国这个心机男孩，20年间豪购了3万多台英格玛密码机，而且是军方专供的高配加强款。谢尔比乌斯公司仅这一款产品的销售额，至少高达60亿人民币①。正是欧美列强的短视和谢尔比乌斯的天才，让德国人的英格玛一枝独秀，成为当年地表最强的谍战神器，号称"领先全世界十年"毫

---

① 悲剧的是，谢尔比乌斯本人却并未因此走上人生巅峰——他连自己产品的成功都没能看到。1929年，谢尔比乌斯死于一场车祸。没错，马车。

不为过。

接下来的故事，想必大家都知道了：有了"最强加密"的加持，德军用摧枯拉朽的"闪电战[①]"席卷欧洲，打的就是出其不意、攻其不备。天下武功，唯快不破。如果不能破解德军的情报、早一步做好防御准备，要想反制武装到牙齿的德军装甲部队难如登天。

正因为英格玛在当时太过逆天，以至于德军从此高枕无忧，以为盟军这辈子也别想破解了。

他们说得没错。单凭人力，是不可能干过英格玛密码机的。

能够破解这台机器的，只能是另一台机器，一台算力更强大的机器。

---

① 德语 Blitzkrieg，指采用移动力量迅速发起出其不意的进攻，在敌人组织防线前取得胜利。德军在二战中大规模使用此战术。

图灵的秘密

4

在电影《模仿游戏》中，马拉松运动员同志[①]阿兰·图灵 1941 年发明的机器解码，用机器暴力穷举彻底干掉了英格玛。一台解码机只需十几分钟就能破译一条加密信息，英国人每天破译 3000 条德军情报，从此军情六处[②]把德军的情报兜了个底朝天。直到盟军诺曼底登陆，德国人还没有反应过来，他们正是被自己的传家宝坑死的。

电影海报里，卷福扮演的图灵意气风发地站在他的解码机前，带领着布莱切利庄园[③]的小伙伴们各显神通，一举扭转战局、改变世界——看上去就无敌了有没有？

平心而论，这是一部不错的电影，也算是一个迟到已久的道歉[④]。也许唯一的遗憾是，它有意无意地隐藏了一个真相：

[①]　图灵热爱运动，在马拉松项目上颇具天赋。他的马拉松最好成绩为 2 小时 46 分，但因伤失去了参加 1948 年伦敦奥运会的资格。目前，男子马拉松的世界纪录为基普乔格（Eliud Kipchoge）于 2019 年创造的 1 小时 59 分 40 秒。

[②]　MI6，陆军情报六局的简称，英国情报机构，也是 007 电影的原型。

[③]　Bletchley Park，位于英格兰米尔顿·凯恩斯（Milton Keynes）布莱切利镇内的别墅，二战时期被英国政府征用作密码破译人员的办公地。现在作为博物馆向公众开放。

[④]　1952 年，英国警方因图灵的同性恋行为将其定罪，并用雌激素注射对图灵进行化学阉割。两年后，身心备受摧残的图灵咬了一口浸过氰化物溶液的毒苹果自杀。直到 2013 年 12 月 24 日，英国女王伊丽莎白二世终于颁布特赦令为图灵平反。2017 年 1 月 31 日，图灵法案生效，约 4.9 万名历史上的"同性恋犯"被一并赦免。

图灵，并不是第一个破译英格玛的人。

早在图灵来到布莱切利庄园的7年前（1932年），就有一位年轻的波兰数学家破译了英格玛。就连图灵背后的那台神奇的解码机，最早也是出自此人之手。只是，在图灵耀眼的光辉下，他的名字早已被世界遗忘。

他，就是图灵背后的男人：马里安·雷耶夫斯基（Marian Adam Rejewski）。

波兰密码学三杰

在传统的频率分析破译法^① 彻底失效后，雷耶夫斯基第一个找到了突破口。当时，德军的加密规则是这样的：

———————

① 还记得《跳舞的小人》吗？福尔摩斯就是用频率分析法破译密文的。

每月发一本密码本，上面印着这个月每天用的密钥（当天密钥）。比如，今天的密钥是 XYZ，我先把 3 个转子分别拨到 X、Y、Z 档，然后随便敲 3 个字母（比如 ABC），英格玛就会输出加密后的密文（比如 BYD）。这个 ABC 就是"信息密钥"。接下来，我再把 3 个转子拨到 A、B、C 档，开始正式写信。

所以，情报内容其实是被信息密钥加密的，收件人要用 ABC 才能解锁。但他怎么知道我随手打的三个字是 ABC 呢？很简单，我只要和收件人约好，把 ABC 对应的密文 BYD 放到每封信的开头。拿到信，先用当天密钥把 BYD 解密为 ABC，就得到了打开这封情报的真正钥匙。

德军这种"双重加密"的玩法，其实相当心机。一来，虽然当天密钥只有一个，但当天发出的 1000 封情报的信息密钥个个不同，就算你破译了一封信，还有 999 封等着你。二来，当天密钥虽然直接写在情报里，但却是加密过的，让你看得到猜不到。

可德国人万万没想到，这套精心设计的加密体系，最终竟毁于一个微不足道的细节。

波兰人知道，德国人有个好习惯，喜欢把重要的事情说两遍：在每条信息的开头，把密钥重复两次。也就是说，每封信开头的 6 个字母，其实是 3 个字母用当天密钥加密两次的结果。比如，ABCABC 可能被加密为：BYDKWE。

这就是英格玛的独门绝技：同一个字母加密两次会变成两个不同字母。就算你知道密文中第一个字母 B 和第四个字母 K 是相同字母加密两次产生的，还是没法反推出原文是什么啊。

这个在别人眼里毫无意义的线索，却被雷耶夫斯基牢牢盯上了。接下来，他收集了所有当天用同一密钥加密的情报，把第一、第四这两个位置上字母的所有对应关系补齐：

第1个位置	A	B	C	D	E	F	G	H	...
第4个位置	F	K	A	G	H	C	E	D	...

你有没有发现，上下两排的字母中暗藏了一种环形链条：上排的 A 对应下排的 F，上排的 F 对应下排的 C，上排的 C 对应下排的 A——就像接龙一样，链条又绕回了起点！

我们来列出上面这个表格中 A–H 的所有链条：

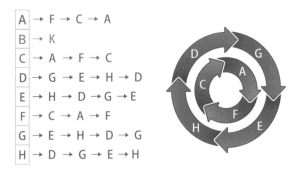

A → F → C → A
B → K
C → A → F → C
D → G → E → H → D
E → H → D → G → E
F → C → A → F
G → E → H → D → G
H → D → G → E → H

B → K 的链条牵涉到其他未列出的字母，暂且抛开不谈。剩下的 7 条链可以归纳为 2 个环：AFC（长度为 3 个字）和 DGEH（长度为 4 个字）。比如，A → F → C → A 和 C → A → F → C 属于同一个环 AFC，只是头尾位置不同而已。

看上去挺神奇……不过，这和破译密码有什么关系？雷司机啊，我怀疑你在开车，虽然我没有证据！

别急，重点来了：雷司机发现，环的**数量**和**长度**只与编码器有关，与接线板无关。这两大特征，就是编码器的"指纹"！

英格玛有 1 亿亿种加密模式，这个恐怖的数字 = 编码器的 10 万种组合 × 接线板的 1000 亿种。现在雷司机告诉我们，无论接线板怎么变，只能改变组成环的字母，而不会改变有几个环、每个环里有几个字。

这一下子，"1 亿亿"中，接线板的"1000 亿"被一刀砍掉，剩下要对付的只有编码器的"10 万"了！

是不是瞬间感觉轻松了许多？

现在，尽管有了编码器指纹，但光凭抽象的指纹特征并不能还原密文，还得找出每个指纹对应的编码器具体设置才行。不过，这个问题可比环啊链啊什么的简单多了。打个比方：虽然我们不能根据指纹反推出凶手长啥样，但我们可以采集所有嫌疑人的指纹，看谁的匹配不就行了？

每人发一台英格玛，把 10 万种编码器模式全部试一遍，采集每种编码器设置对应的指纹，汇总到数据库即可 [①]。只要人手足够，这件事就是个体力活。不过，我们雷司机最喜欢亲手造轮子啦！他发明了一台"反向英格玛"，自动转动编码器转子，10 万种模式全试一遍只需 2 个小时 [②]。从早上六点德军发天气预报开始，到八点就能破解出"当天密钥"，把一天里的所有情报尽收眼底 [③]。

这台译码机，由于在运转时会发出炸弹倒计时般的"嘀嘀"声，被雷司机和他的小伙伴们戏称为"炸弹机"（bombe）。《模仿游戏》电影海报里，图灵身后那台巨大的机器，就是波兰炸弹机的 2.0 版本。

早在德国发动二战之前，雷司机就完成了所有工作，每天一边听着机器"嘀嘀"叫，一边刷着德国人的情报——这样下去，眼看就要没图灵什么事了。但是造化弄人，就在即将开战之前，心眼颇多的德国人突然对英格玛大幅升级，把编码器数量从 3 个加到 5 个 [④]，排列组合的数量变成原来的 60 倍。

[①] 机智如你，也许会想到一个文中漏掉的问题：就算用正确的编码器设置把密文破译了，但并没有排除接线板的影响啊！其实，接线板在 26 个字母中对调 6 对字母只能起到一定的干扰作用，使得破译后的明文中某些字母相反，比如 Hello 变成 Holle。这些"错别字"很容易被人脑这台天然 AI 人肉纠错。

[②] 事实上，当时雷耶夫斯基用 6 台机器同时运转才能达到这个速度。

[③] 德军的老习惯：每天换一次密钥，当天所有情报用同一个密钥加密。

[④] 英格玛机器上仍然只能放 3 个转子，加密者需要从 5 个转子中选 3 个装到机器上。

破译原理依旧相同，只是需要 60 倍算力，需要 60 台炸弹机，需要波兰情报局 15 年的经费——但波兰人没有钱，更没有时间了！希特勒垂涎波兰已是司马昭之心路人皆知，战争随时可能爆发。为了让这个生命般珍贵的发明不要毁于战火，为了给欧洲留下一颗希望的火种，自身难保的波兰把秘密对英法两国倾囊相授。两周后，希特勒进攻波兰；一个月后，波兰沦陷。雷耶夫斯基等"波兰密码三杰"逃亡罗马尼亚，从此开始了颠沛流离的生活。

而在欧洲的另一边，在阳光明媚的伦敦布莱切利庄园，图灵的传奇翻开了新的一页。

从德军每天早上雷打不动的天气预报里，图灵找到了新的线索。因为天气预报中总得有"天气"两字（德语 Wetter），很容易找到它对应的密文。这样，即使后来德军改掉了"重要的事情说两遍"的习惯[①]，也有新的线索可以利用——图灵将其称为"小抄"（crib）。

在"小抄"的只言片语中，图灵发现了和雷耶夫斯基的环链类似的结构。例如，假设 WETTER 对应的密文是 ETWABC，意味着英格玛编码器分别用三种模式把头 3 个字母 WET 做了如下加密：

模式 1：把 W 加密为 E

[①]　1940 年 5 月 10 日起，德军改变加密模式，情报头部不再有重复加密两遍的密钥了。

模式 2：把 E 加密为 T

模式 3：把 T 加密为 W

只要在小抄中发现这样的环路结构，图灵就能用他的神奇机器破译原文。他用电线把三台英格玛首尾相接，连成一个回路：电流输入第一台英格玛，触发键盘按下 W 键，产生一个加密后的字母；这个字母又被输入第二台英格玛，加密后的字母输入第三台。

为什么要用三台机器呢？因为每一台，对应着把 WET 变成 ETW 的三种未知的加密模式。

每当德军发报员按下一个键，英格玛就切换了一种新的加密模式。所以，1 号机用来模拟德国人敲第一个字 W 时那台英格玛的加密模式；以此类推，2 号机模拟输入第二个字 E 时的模式，3 号机模拟输入 T 时的模式。英格玛每敲一个键，编码器齿轮（转子）会自动转一档，所以这三台模拟机之间是有关联的，它们两两之间转子档位相差一档。

如果刚好出现这样一种状况：第一台机器把输入的 W 变成 E，第二台把 E 变成 T，同时第三台把 T 变成 W，那么这时 1 号机的加密模式，一定和德军发报员按下 W 时的那台英格玛模式相同[①]！这时，只要在这台机器上输入密

---

① 同理，此时 2 号机与发报员按下 E 时的英格玛模式相同，3 号机与按下 T 时的模式相同。

文 ETWABC，它就会输出原文 WETTER！ ①

　　最绝妙的是，要找出这种设置，并不需要尝试英格玛全部的 1 亿亿种组合。图灵把三台模拟机头尾相连的做法，正好使得接线板的作用两两抵消，所有变化只剩下编码器的 10 万种。和雷耶夫斯基异曲同工，图灵找到了另一种把加密模式总量砍掉 1000 亿倍的窍门。在波兰人的基础上，图灵造出了 2.0 版本的"炸弹机"。当十几台炸弹机在布莱切利庄园嘀嗒作响时，一小时内就能破解德军的当天密钥。

　　这台用于破译密码的机器，就是现代计算机的前身 ②。

天啦，原来科学家叔叔发明计算机不是为了玩 LOL 啊

---

① 　英格玛既是加密机也是解密机，把密文反向输入就是解密。

② 　"炸弹机"无法通过编程执行通用任务，所以严格来说不能算第一台计算机。但它启发了下一代可编程译码机"巨人"（1943 年），最终诞生了第一台电子管计算机 ENIAC（1946 年）。

就在希特勒对英格玛深信不疑的同时，丘吉尔把赌注押在了图灵这只"下金蛋的鹅"身上。一台炸弹机造价10万英镑，相当于今天的1000万人民币；此外，还需要各领域的大量人手……图灵需要的巨额经费被上级搁了下来，结果图灵够自信、敢越级，居然给丘吉尔写信打小报告。出乎所有人意料的是，丘吉尔毫不犹豫地批复：

"即日行动。务必以最高优先级，立即满足他们的所有需求。办妥之后向我回报。"

从此，图灵拥有了令波兰人望尘莫及的资源。到了1942年，布莱切利庄园有49台炸弹机和1万多名解码员，德军的一举一动尽在掌握。然而，为了不让希特勒起疑，丘吉尔并没有立即展开反击，反而故意让敌人得手几次，甚至明知德军即将空袭考文垂却按兵不动[1]。但在关键战役上，不列颠空战、大西洋海战和北非反击战，英军都获得全胜，德国人其实是贪小便宜吃大亏。在欧洲几乎全部沦陷的至暗时刻，小小的英伦三岛成了盟军最后的堡垒，一直坚守到大逆转的那一天[2]。后人评价，图灵破译英格

---

[1]　1940年11月12日，希特勒命令德军出动500架飞机轰炸考文垂，行动代号"月光奏鸣曲"。此举一为摧毁考文垂的工业设施，二为试探英军是否有破译英格玛的可能。英军完全有能力调兵防御，但这样就验证了德军的怀疑，暴露英格玛已被破解的事实。丘吉尔最终决定丢卒保车，不做任何增援。11月14日夜，德军轰炸机投下5万枚炸弹，将考文垂市区夷为平地。市民死伤5千余人，5万所房屋化为灰烬。

[2]　即1944年6月6日，诺曼底登陆日（D-Day）。

玛之功，至少让二战提前两年结束。

和一战成名的图灵相比，雷耶夫斯基后来又如何呢？战后，他辗转回到了祖国波兰。有人说他在大学里做行政，也有人说他在工厂里当会计——总之，雷司机过着默默无闻的生活，对自己惊心动魄的前半生只字不提。有诗为证[①]：

十步杀一人，

千里不留行。

事了拂衣去，

深藏功与名。

除了波兰军方的少数高层，没人知道这个戴眼镜的小老头儿竟是当年的王牌特工。由于英国政府对破译细节严格保密，就连雷司机自己也不清楚图灵是怎么破解英格玛的。直到 20 世纪 70 年代部分资料解禁，年近七旬的老雷才从一本畅销书里发现，原来图灵就是站在自己的肩膀上，给了希特勒最后一击。不过在他眼里，这些浮名向来无足轻重。当他回首一生，可以自豪地说："我的生命和全部精力，都献给了世界上最壮丽的事业——为人类的和平事业而斗争。"

1954 年，图灵自杀。1980 年，雷耶夫斯基逝世。

[①]　出自李白《侠客行》。

2000 年，波兰政府向"波兰密码三杰"雷耶夫斯基、鲁日茨基和佐加尔斯基追授波兰最高勋章。20 世纪的密码学巨星早已陨落，他们在波澜壮阔的历史长河里完成了自己的使命。现在，能自动解密的"炸弹机"变成了更强大的计算机，而英格玛代表的复式替换加密从此跌落神坛、万劫不复。

新的时代，新的太阳即将升起。

5 阿喀琉斯之踵

在加密通信的整个体系中，存在一个阿喀琉斯之踵[①]：密码本。对于最常用的替换式加密，密码本就是明文对应密文的字典。一旦敌人拿到密码本，整套加密体系便不攻自破。为了降低泄密风险，能接触到密码本的人自然是越少越好。

可问题是如何减少？

起码，卧底同志们必须得人手一本，否则他们拿什么来加密通信呢？

然而实战中发现，有时最容易被攻破的反而不是算法，而是人。一旦密码本泄露，整套加密体系便不攻自破。

为了在加密和破解的无尽赛跑中时刻保持领先，密码本必须定期更换。二战时期，德军最高司令部每个月都会换一次密码本，每天换一次密钥。这一招曾令图灵和他的小伙伴们头疼不已：我这边还没破解完，你那边又换密码本了，那我之前不都白干了吗？

[①] 古希腊神话中的超级英雄阿喀琉斯（Achilles），全身刀枪不入，唯一的弱点是脚后跟。在特洛伊战争中，被特洛伊王子帕里斯（Paris）暗箭射中脚后跟狙杀。

不过，当所有人都养成了勤换密码本的好习惯之后，问题又来了：怎么把新一期的密码本发给同志们呢？

无论是用网线、电话线、无线电或任何通信方式发送，都有被窃听截获的可能，否则我们也不需要折腾什么加密通信了。如果冒险把密码本用明文发送，那简直就等于自杀：一旦被截获，我方的情报将彻底暴露。

也许，我们可以把密码本自身加密了再发——但是，用来加密密码本的那个二号密码本又怎么办？是不是用三号密码本再加密一遍？

看来，还是老办法最稳妥：找个靠谱的同志，让他带着密码本去和每个在基层潜伏的地下工作者接头，亲自把密码本送到对方手里。虽然成本高了些、速度慢了些，但好像也只能这样了。

只可惜，很多情况下，这个最稳妥的笨办法在现实中恰恰是做不到的。比如，德军司令部和正在前方执行任务的潜艇之间也需要加密通信，也需要定期换密码本——你告诉我怎么把新密码本送到潜艇上？游过去吗？

所以，二战后的密码学家们发现，他们打造的整个加密链条中最薄弱的一环，居然就是密码本自身。有了加密通信，可以用密码本保护情报的安全，可是密码本也是情报的一部分，又拿什么来保护密码本的安全呢？

面对这道无解的难题，有人想出了一个天才的主意：

既然我们担心密码本在发送途中被截获，那干脆不要发密码本好了！

把密码本想象成一把钥匙，把加密后的密文想象成一把锁。密文需要密码本解密为明文，就像箱子需要钥匙开锁才能打开一样。按照传统思维，我这边上了锁的箱子要让你那边能打开，我总得把钥匙寄给你才行，这样就产生了密码本被截获的风险。

但是，现在让我们换一种操作：

第1步：我先把上了金锁的箱子寄给你，但不给你钥匙。当然，这时你肯定打不开。

第2步：你在箱子上再加一道银锁，再把箱子寄还给我。这把银锁的钥匙你自己留着，别寄给我。

第3步：我收到一个挂了两把锁的箱子，但是我只有金钥匙，只能打开我上的那把金锁。我用金钥匙开锁，再把箱子寄给你。

第4步：最终，你收到箱子时，上面只有一把锁——正是你自己的那把银锁！你用银钥匙把它解开，就能取出箱子里的绝密文件。

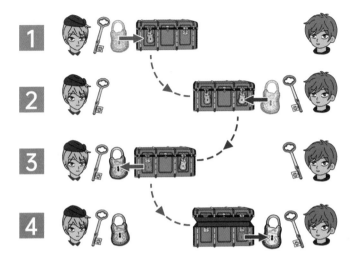

在整个传送过程中，箱子上始终挂着至少一把锁，说明信息始终是加密的，别人就算截获箱子也打不开；但是，我从来没有把钥匙发给过你，你也没有把钥匙发给过我，所以无须担心密码本的安全。

震惊吗？就是这么简单！原来，我们根本不需要传送密码本，就能实现加密通信了！

更令人震惊的是，这么简单好用的办法，在现实的加密通信中，竟然根本无法实现。

问题就在于"顺序"二字。当我收到那个有两把锁的箱子时，它其实已被你我二人先后加过两次密（加锁）：第一次是我加的金锁，第二次是你加的银锁。如果是一只真实的箱子，我当然可以打开金锁，但在真正的加密通信中却不能。因为，第二次加密是在第一次加密后生成的密文基础上加密，相当于把上了金锁的箱子装进另一只箱子，再用银锁锁上，原来的箱子和金锁一起都被加密了！我怎么可能在不开银锁的前提下，单单打开里面那层箱子上的金锁呢？

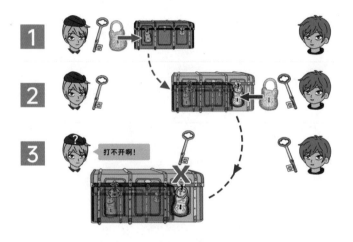

打不开啊！

加密的顺序是先 A 后 B，解密的顺序必须先 B 后 A。如果不按顺序，非要霸王硬上弓，最后解出来的只能是一堆乱码。

看来，我们只能"返璞归真"了。一直以来，只有政府、军队和大企业用得起加密通信，因为单单派送密码本实在太烧钱。就在 20 世纪 70 年代，银行和大客户之间做加密通信，还是靠当面送密码本：银行派出公司最信任的员工，他们带着上了锁的手提箱，跑遍全世界，就为了让客户在接下来的几周能够接收银行发过来的加密信息。

唉，天下到底有没有一种既方便快捷，又便宜好用，还能真正杜绝密码本泄露的加密方法呢？

也许，这道题真的是无解啊。

不过别忘了，历史已经无数次告诉我们：当所有人都认为无解的时候，换个思路，往往就是柳暗花明、醍醐灌顶的时刻。

全民加密

　　传统密码学中，无论采用何种加密算法，都在默默遵循着一个思维定式：加密和解密是可逆的。

　　也就是说，只要知道如何加密，就一定知道如何解密，反之亦然。这被称为"对称加密"。

　　然而，世间还存在一种"非对称加密"（RSA）：我可以把加密方法向全世界公开（公钥），但解密方法（私钥）只有我一个人知道。谁想给我发信息，只需用公钥加密后发给我即可。别人只知道如何加密，但他不可能据此推出如何解密。

　　还是用箱子和锁的比方，就好比：

　　第 1 步：我发明了一种神奇的锁，锁它不需要钥匙，用手摁一下就会"咔嗒"一声锁死，但开锁必须用钥匙。好吧，我承认，听起来一点也不神奇，万能的某宝上 10 块钱就能买到。

　　第 2 步：听说你要给我发份绝密文件？我先给你寄一把锁，钥匙我留着。

　　第 3 步：你把文件放箱子里，然后用我给你的锁把箱子锁上。现在，这个箱子你肯定打不开了，因为锁在你那儿，可钥匙在我这儿。

第4步：你把箱子发给我，我能打开。因为钥匙始终在我手里，而我又没把钥匙给过任何人，所以我们俩在不传送密码本（钥匙）的前提下完成了一次非对称加密通信！

听上去很简单对吧？可是在1975年以前，在人类使用加密通信的几千年历史中，好像从未有人想到这一点。当全世界的特工都在为一本小小的密码本争得你死我活的时候，只有一个人想到：密码本可以由两本组成，一本公开人手一份，一本藏好绝不外露。也许，世界上最大的阻力叫作思维定式，最勇敢的人叫作第一个吃螃蟹的人。

这第一个吃螃蟹的人，就是当年31岁的怀特菲尔德·迪菲[①]。在1975年的夏天，他的大脑被"非对称加密"这道闪电击中。在那石破天惊的一刻，他意识到这个发现将颠覆人类几千年的密码学，意识到原本一事无成的自己原来注定要改变世界。他激动到不能自已，于是在家门口站了几个小时等老婆回家，只为了在第一时间对她说一句："我有一个伟大的发现，我是第一个想出它的人！"

然而，即使迪菲自己，也没能解决他的创想中最关键的一步：非对称加密的成立前提是，知道如何加密（需要公钥），却无法反推出如何解密（需要私钥）。如果是替

[①]　Whitfield Diffie，2015年图灵奖得主，现任浙江大学网络安全研究中心荣誉主任。

换字母之类的普通加密，只要反向替换就能解密，加密和解密永远是可逆的。究竟是什么样的神奇算法能做到"不可逆"的加密呢？

在全世界的密码学家苦苦寻觅了两年后，才有人找到了这个不可逆加密算法[①]，而且在原理上惊人地简单。它基于一个数学事实：将两个大质数[②]相乘十分容易，但对乘积做因式分解、还原成两个质数却极其困难。数字越大，困难级别指数上升。

RSA 加密用的公钥，就是两个质数的乘积[③]；解密用的私钥，是由这两个质数推算而得。要想从公钥反推出私钥，只有一个方法：猜出公钥究竟是哪两个质数的乘积。对质数乘积做因数分解没有公式可套、没有技巧可循，只能一个一个地试错，把从 3 开始由小到大的质数挨个试一遍，直到正巧碰到某个质数能整除为止。两个质数相乘只需做一次乘法，可能用不了计算机 1 毫秒的时间；但对这个巨大的乘积做因数分解却要做无数次除法，耗时几年都很正常——这就是"非对称""不可逆"的根源。因此，

---

① 1977 年，数学家 Rivest、Shamir 与 Adleman 发明了这种算法，以他们三人的姓名首字母命名：RSA。

② 质数，也叫素数，是除了 1 和自身以外不能被任何自然数整除的数，也就是无法被因数分解为两数乘积的数（1× 自身除外）。例如，1 到 10 之间的质数有：3、5、7。

③ 准确地说，RSA 公钥是由两个数组成：一个是质数乘积，另一个是按特定条件选取的随机数。

把两个大质数乘积作为公钥公开是非常安全的。

举个例子：37×97=3589 小学生都会手算，但问你 3589 是哪两个数的乘积？

是不是想找个计算器摁上十分钟？

如果觉得靠狗屎运能凑出答案，你可以挑战一下这个：

1230186684530117755130494958384962720772853569595334792197322452151726400507263657518745202199786469389956474942774063845925192557326303453731548268507917026122142913461670429214311602221240479274737794080665351419597459856902143413

你能看出它其实不过是

33478071698956898786044169848212690817704794983713768568912431388982883793878002287614711652531743087737814467999489

和

36746043666799590428244633799627952632279158164343087642676032283815739666511279233373417143396810270092798736308917

的乘积吗？

在对称加密时代，密码本只能人手一本；有了 RSA，真正的密码本（私钥）只要总部的领导一个人知道就行，在各地卧底的特工们靠公钥就能加密发密文。

这就是为什么 RSA 能在短短 40 年内取代流传两千多年的恺撒大帝，成为当今世界全民加密的事实标准：

网购时，浏览器用公开下载的公钥把你的付款信息加密发送给服务器，服务器用没人知道的私钥解密信息，这一切是在你没有丝毫察觉的情况下悄然完成的。如果没有 RSA，马云大大只能上门给亲送密码本啦！

更给力的是，RSA 还是一个相当坚固的加密算法。比如上面那个用来吓人的数字，有 232 位（768 比特），这已经是当今地球上所有计算机加在一起能分解的最大整数了。而网上随便申请一个免费的 https 加密证书，长度都有 2048 比特！

在回顾了人类几千年来的密码学成果之后，请你，把它们统统忘掉。

因为现在，无敌的量子通信来了。

它靠的可不是什么逆天的算法，而仅仅是两枚神奇的硬币。

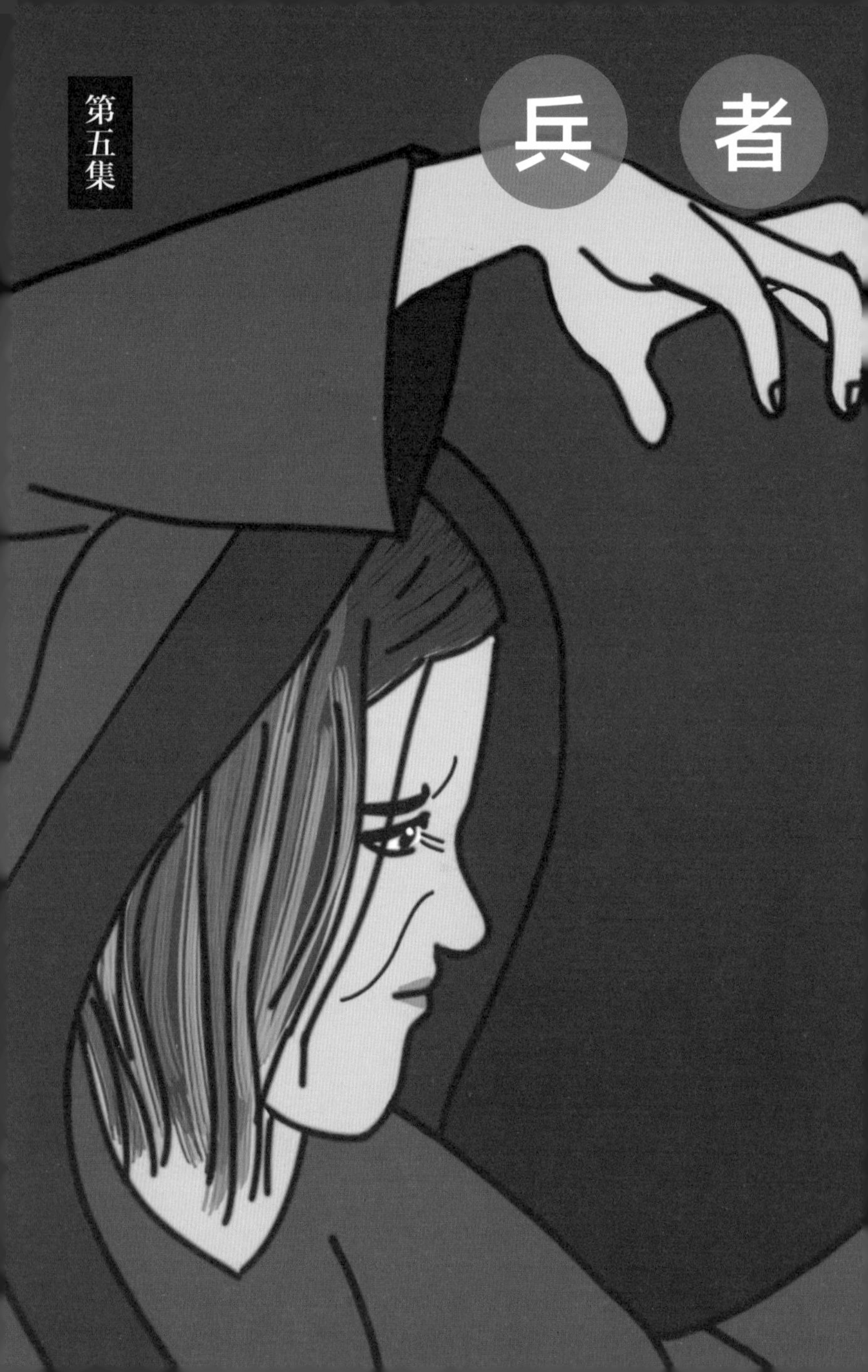
兵者
第五集

诡道

当所有密码
都被秒破
只有量子通信
无条件安全

未来
已来

① 魔法硬币

喂，年轻人！

别瞅啦，说的就是你！

我看你骨骼清奇，是万中无一的创业奇才，改变世界就靠你啦！

　　我这里有一对魔法硬币，我看与你有缘，就十块钱卖给你吧！

别看它长得和普通的一元硬币差不多，这种硬币可有一项神奇的技能点哦！

就算相隔万水千山，只要一枚硬币翻到**正面**朝上，成对的另一枚硬币，一定会瞬间自动翻到**反面**朝上。

你想啊，这种硬币如果做成情侣版，肯定大卖！

尤其是异地恋：你和女朋友人手一枚，你在北京不断抛硬币 A，发出"正正反反"之类的信号，她在西雅图的硬币 B 就会自动变成"反反正正"，编码成"0011……"，再转成 ASCII 码[①] 就是：

I LOVE U

这叫理工男的浪漫你懂不懂！还不花一分钱话费和流量！

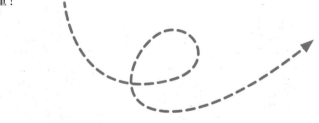

---

① 　ASCII 码是现代最通用的单字节编码系统，使用 8 位二进制数表示 256 个字符，可包含所有欧洲语言的字母表。例如，大写字母 A 对应的 ASCII 码是 01000001。中文有 10 万多个汉字，无法用 ASCII 编码表示。

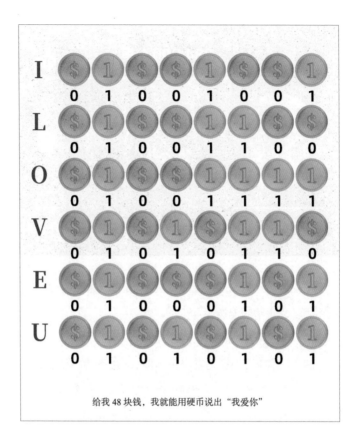

I 0 1 0 0 1 0 0 1
L 0 1 0 0 1 1 0 0
O 0 1 0 0 1 1 1 1
V 0 1 0 1 0 1 1 0
E 0 1 0 0 0 1 0 1
U 0 1 0 1 0 1 0 1

给我 48 块钱，我就能用硬币说出"我爱你"

　　你想，再好好包装一把，还能卖给国家航天局、NASA
之类的土豪机构！

　　从月球到地球 38 万公里，电磁波信号需要走 2 秒多。
月球上的宇航员别说"王者"玩不了，打个电话都卡机死机。
火星就更远啦，1 亿公里，延迟 5 分钟！

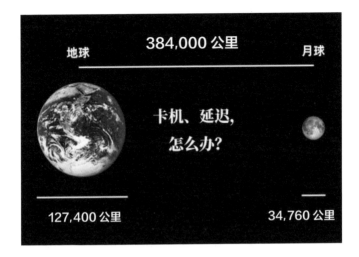

但是用无延迟的魔法硬币做星际通信，网游不卡了，电话不等了，干啥啥流畅！

啥？你说魔法硬币有没有缺点？

嗯……你还别说，是有个小问题，不过不影响使用啦！

就是每次抛硬币时，翻到正面还是反面，要看人品。

喂，喂！年轻人，别走啊！我看你骨骼清奇……

————— 我是幽默感的分割线 —————

故事是玩笑，魔法硬币可不是玩笑。用量子纠缠态的一对孪生粒子，自旋向上 = 硬币正面，自旋向下 = 硬币反面，就能做出如假包换的"魔法硬币"。无论相隔多远的距离，处于"纠缠态"两个孪生粒子就像有心灵感应般，零延迟，

　　　　　　　　　　　　　　　　猫、爱因斯坦和密码学

发生同步反应。

如果把孪生粒子放在两地，在地球观测粒子 A 发现自旋向上，火星上的粒子 B 会因此而瞬间变成自旋向下。仿佛两个粒子之间始终有一道穿越时空的纽带——这就是传说中的**"超距作用"**。

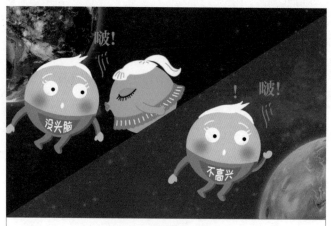

地球上的"没头脑"被妹子亲，
火星上的孪生兄弟"不高兴"同步感受到！
好兄弟啊！

因为 A 的粒子自旋态始终和 B 的相反，所以地球人只需观测一下粒子 A，就能实时改变粒子 B 被火星人观测到的自旋态。

问题在于，就算拥有把爱因斯坦吓傻的超能力"超距作用"，量子通信却没法用来瞬时传数据！

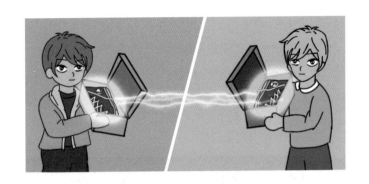

因为，每次硬币（自旋）是正是反，是个纯随机事件。不要说控制，连影响都做不到。你想发"正正反反"，它给你来个"反正反正"——如果不能畅所欲言，对方收到的都是乱码，还谈何通信呢？

当火星人读取出 B 的自旋态时，相当于接收到了地球发来的一个比特。如果把孪生粒子比作一对魔法硬币，通信双方重复以上步骤，通过"抛量子硬币"传送信号的方式，就叫作量子通信。

既然发的是一团乱码，那么就算能够穿越宇宙瞬时传送，也称不上是真正的通信。

爱因斯坦当年杞人忧天的"超光速通信"问题，就这样被**"随机性乱码"**天衣无缝地解决了。

曾有不止一个读者告诉我：如果我们不用去管硬币本身是正是反，而是通过抛硬币的时机传递信息，就可以实现超光速通信了！

猫、爱因斯坦和密码学

比如，发送方可以每隔 1 秒或 2 秒抛一次硬币，接收方就会注意到时间间隔的变化：1 秒、2 秒、1 秒、2 秒……这不就是莫尔斯电码的短·长·短·长吗？再转换成二进制的计算机比特 0101，信息不就通过"超距作用"瞬时传过来了吗？

这个方案很有创意，不得不赞——只可惜，现实中做不到啊！

微观粒子在观测前处于"既死又活"的叠加态，在观测的一瞬间"坍缩"成现实。问题是，我们永远看不到从叠加态转换成现实的坍缩过程，粒子也不会在坍缩前大吼一声："大家注意，我要变身了！"当你"抛硬币"导致我这边的纠缠量子态坍缩时，无论我测出它是正是反，都不知道它是什么时候坍缩的，就连究竟是谁把它搞坍缩了都没法确定。所以，这个"坍缩时机"传不过来。

少年，想钻宇宙的空子，可没那么容易！

要想用量子传点有意义的东西，解决的办法只有一个：用量子通信发完"反正反正"之后，赶紧再用微信给对方补个留言"错对对错"，告诉他哪些信号是发错的，让他自己纠正。

也就是说，对方收到量子信息虽然是瞬时的，但要从一团乱码中找出真正的意义，还得靠传统通信方式。微信、电话延迟多久，量子通信就延迟多久。

你是不是在想：这么麻烦，不如我直接发微信得了，还要用量子通信干吗？

所以，只有聪明人才能看出，量子通信真正的威力。

小提示：当你在微信上发"错对对错对错错"时，后台的张小龙能猜到你在说什么吗？

猫、爱因斯坦和密码学

② 无条件安全

　　每次我和朋友聊起"无条件安全"的量子通信，所有人都觉得我在吹牛。

　　大多数人直觉上认为，凡事无绝对。你说破解难度很高，行；说 99.99% 安全，也行；但打死我也不信，世界上存在无懈可击的东西。

　　但是他们忘了，绝对安全的加密通信，早在 75 年前就被发现了。

　　1941 年，信息论的祖师爷香农[①]，在数学上严格证明了：不知道密码就绝对无法破解的安全系统，是**存在**的。

――――――――――

① 　克劳德·香农（Claude Elwood Shannon），美国数学家。1948 年发表论文《通信的数学原理》，成为信息论创始人。

香农手里的老鼠可不是玩具，是他发明的自动走迷宫机器鼠[1]

而且，更令人惊讶的是，这种绝对安全的密码出人意料地简单——只需符合以下三大条件：

绝对安全三大条件

随机密钥：生成密钥是完全随机的，不可预测、不可

---

[1]　1952 年，香农在贝尔实验室的会议上演示了走迷宫的机器鼠"忒修斯"。它能通过随机试错穿过迷宫，并记住成功路线。香农使用迷宫底部的 75 个继电器（每个继电器只能记录 0 或 1）建立了老鼠的记忆系统。这种让计算机自主学习的方法在后来的人工智能时代被称为"机器学习"。

重现，破解者更不可能猜出规律，自己生成所有密钥。

明密等长：密钥长度至少要和明文（传输的内容）一样长。如果破解者穷举所有密钥，就相当于穷举所有可能的明文。谁要是有本事通过穷举直接猜出明文，还来费这么大劲破解密钥干吗？

一次一密：每传一条信息都用不同的密钥加密，断了敌人截获一本密码本后一劳永逸的妄想。

奇怪的是，香农发明 **"无条件安全"**的 75 年后，我们居然还没能用上这个黑科技？！

因为在当时的技术条件下，这三个要求实在太变态了，同时符合根本不可能！

先说"随机密钥"：要知道，计算机程序（rand）生成的随机数，其实并不是真正意义上的随机。理论上，如果知道已经生成的随机数，就有可能预测接下来将生成的随机数序列。

再看"明密等长"：比如说，我要把一本《红楼梦》加密发给你。《红楼梦》全书约 73 万字，就得拿一个长达73 万字的密钥加密！这个密钥必须让你知道，否则你没法解密；但我要是能轻松把这么长的密钥安全地发给你，为什么不干脆发明文呢？这不是多此一举吗？

最变态的是"一次一密"：每发一次信息就要更新密钥，但通信双方又不能天天见面接头换密码本，否则还要加密通信干吗？

然而，在某些不计成本的最高级别通信场合下，一次一密还真的用上了。比如先编写一部超级长的密码本，派特工直接交到对方手里，然后双方就可以暂时安全地通信了。

仅仅是暂时。

密码本用完之后，007 又得出动再送一本新的……

门卫老大爷：叫啥名？找谁？过来登记下！

007：邦德，詹姆斯·邦德。

门卫老大爷：最近见过什么人？

007：你当我是快递小哥吗？

就这样，我们苦苦地研究了 75 年的密码学，什么对称加密、非对称加密（RSA），和黑客们展开了无数次道高一尺魔高一丈的攻防大战……直到我们遇见了香农 75 年前预言的密码学终极形态：**无条件安全的量子通信**。

75 年前，没有人能想到，那变态的三大要求，简直就是为量子通信量身定做的。

就拿最简单的量子通信协议——孪生粒子的量子纠缠来举个例子：

首先，服务器生成一对孪生粒子 A 和 B，分别发送给通信双方。通过观测这对纠缠粒子的自旋状态（向上／向下），就可以生成 1 个比特的密钥，比如"下"。如果有 4 对纠缠粒子，就可以连续生成 4 个比特的密钥："下上下上。"请注意，A、B 被观测后的自旋状态是完全随机的，不要说敌方，连自己人都看不出规律。

☑ **随机密钥**

PASS

其次，要发送的"正正反反"是明文编码，纠缠粒子对随机生成的"下上下上"相当于密钥，被通信双方解读为"反正反正"。微信发的纠错码"错对对错"是加密后用传统通信方式发送的密文。接收方将密钥"反正反正"和密文"错对对错"一结合，就得到了真实内容："正正反反"，也就是二进制的"1100"。

发现没有？明文、密钥、密文，三者长度完全相同！

☑ **明密等长**

PASS

最后，为了发送 4 个比特的明文"正正反反"，服务器总共生成了 4 次随机密钥"下 / 上 / 下 / 上"。每传输 1 比特明文，都有 1 比特密钥保驾护航。

☑ 一次一密
PASS

　　根据香农证明的"无条件安全"定理，量子通信被破解的可能性，不是万分之一，也不是亿万分之一，就是结结实实的 0。

　　而且，最令人不可思议的是，量子通信不仅无法破解，还自带**反窃听**属性。就算敌人截获了每一次密钥，同时拿到了"正正反反"（明文）、"反正反正"（密文）、"错对对错"（纠错码）三条信息，量子通信仍然是安全的！

　　下面，就是见证奇迹的时刻。

3 兵者诡道

量子通信为啥能反窃听？

因为量子世界三大定律之一：**测不准原理**。

如果敌人想要截获量子密钥，必须先截获 A、B 两个纠缠态粒子，然后测一下自旋态——

打住，问题就出在这里。量子态不是先天决定的，而是被你的**测量**决定的。你测了，它就从魔法般的量子纠缠态，变成平淡无奇的确定态了。

还记得第三集说的贝尔吗？他发明的"贝尔不等式"，就是用来检测纠缠态粒子之间是否存在"超距作用"。

当被敌人测过的 A、B 粒子到达我们的同志手中，他们只要做一件事，就能看出量子密钥是否被动过手脚：用阿斯派克特实验验证贝尔不等式。如果发现贝尔不等式又成立了，A、B 之间的超距作用已然消失[1]，只能说明一件事：在我方测量之前，已经有人测过了。

虽然在原理上，通过验证贝尔不等式已经足以确保信道

---

[1]　对于产生量子纠缠的两个粒子，贝尔不等式不成立，且对任一粒子的观测会瞬时影响另一粒子的状态（超距作用）。观测后，两个粒子的波函数"坍缩"，量子纠缠消失，量子世界退回到经典世界。

的安全，然而在实际应用中，做阿斯派克特实验实在太麻烦了。所以量子通信卫星"墨子号"，用的是更简便的量子密钥分配协议：BB84 协议。和原版量子纠缠通信（相当于E91 协议[①]）的最大区别在于，BB84 不需要一对纠缠粒子来充当"魔法硬币"，它只需利用光子的偏振方向产生随机化的 0 和 1（量子比特）。

当然，BB84 的安全性同样依靠量子"测不准原理"：窃听者对量子信号的测量会改变信号本身，导致接收方收到的信号中乱码大增，从而暴露了自身的存在[②]。

从军事上来说，比无法破解的通信更安全的，是无法窃听的通信。

比无法窃听的通信更安全的，是能发现窃听者的通信。

比能发现窃听者的通信更安全的，是我能发现有人窃听，而窃听者却不知道被我发现的通信。

"不被窃听"很重要，"发现窃听者"很重要，这些都容易理解；可为什么"窃听者不知道被我发现"更重要呢？

因为，如果窃听者不知道他已经暴露了，我军可以将计就计，故意发一些假消息引君入瓮！

---

①   E91 协议：阿图尔·艾克特（Artur Eckert）1991 年提出的量子密钥分发协议，基于量子纠缠原理，使用贝尔不等式验证信道是否被窃听。
②   BB84 协议的正常误码率极限为 25%，在被窃听时误码率会上升到 50%，所以很容易发现窃听。

把谍战的主动权抓到自己手中，永远比被动的单纯反窃听更给力。

就拿二战的逆转战役"诺曼底登陆"来说，其实希特勒早就料到盟军会把赌注押在诺曼底，但盟军情报部门用了一年的时间给德军传送假情报，发出几千封加密电报供德军破译，硬是忽悠得元首大人连自己都不相信了。

量子通信就属于第三种："我方可以轻松发现窃听，而窃听者却不知道被我发现"的加密通信，而且是当今所有已知加密手段中，**唯一能做到第三层次的技术**。

当然，窃听者也知道量子通信的厉害。正因如此，没有哪个间谍敢随便窃听量子通信的信息，就算窃听到了也没人信：我怎么确定，窃听到的情报不会再把元首坑死？

攻击量子通信的唯一方法，不是窃听、破解，只能是干扰。例如用强激光照射接收器将其"致盲"，量子信道被干扰成乱码，把敌我双方拉回到同一起跑线。毕竟，量子通信的特长是反窃听，而不是抗干扰呀。

但公平地说，这称不上是量子通信的弱点。其他所有传统通信方式，在干扰下都会难以为继。如果敌军非要不惜一切代价阻断通信，任何通信都可以被阻断①。**"无条件不受干扰"**的通信，还没发明出来呢。

---

① 理论上，甚至可以阻断地球上一切频段的无线通信。在刘慈欣科幻小说《全频带阻塞干扰》中，俄罗斯用飞船撞向太阳的方式引发太阳磁暴，导致地球上所有无线通信全部中断（相当于马可尼之前的时代），强行把两军信息战拉回到同一起跑线。

最强之矛与最强之盾

　　量子通信卫星"墨子号"上天之后，在一片欢呼雀跃中，也出现了很多抵制的声音。有阴谋论的，有说原理不通的，有说浪费纳税人钱的，就是没一个能说清量子通信究竟是怎么回事。

　　不过，在这群键盘侠之中，让我印象最深的，是一位台湾网友的发帖，其中历数量子通信"五大漏洞"：

———《所谓的量子通信卫星的问题帖》———

　　1. 首先，现在根本不存在真的利用量子纠缠原理的量子通信，都是挂羊头卖狗肉。实际的信息并没有被量子加密，被量子加密的是密钥，所以信息本身还是可以被传统方法破解的，并非不可破解。用的加密法也不是连爱因斯坦都不懂的量子纠缠，只是用偏振光加密勉强和量子沾得上边。用没几个人看得懂的量子通信这名称，比较高大上好唬人。

　　2. 量子通信必然要用到单光子，信号非常弱，根本传达不了。一般通信是用中继放大器，但量子通信的不可克隆性禁止了中继放大器的存在，所以只好把脑筋放到卫星

　　　　　　　　　　　　　　　　　　　猫、爱因斯坦和密码学

上。只是卫星下传的还是单光子，信号一样很弱，很容易被云层挡掉。通信变成看天吃饭，天气晴的时候可以讲得很高兴，一下雨就变哑巴。解决办法就是多打一些单光子，多光子必然有损失，你就搞不懂自己打出去的光子是被人偷看还是被大自然的东西偷看了，所谓"只要有窃听我就能发现"也没了。其实激光通信这种高指向性的东西，本来就有很多方法晓得有没有被窃听，不需要用到连爱因斯坦都不懂的量子纠缠。

3. 空间的量子通信必然用到激光，一定要求精密对准发射接收方，所以会移动的军舰战机根本用不了，这偏偏是最需要保密的用户。固定的收发人就是最好的破解对象，因为你可以锁定使用这些通信设备的人和环境去下手。

4. 量子通信标榜"只要有窃听我就能发现"，敌人只要拿激光照你量子卫星，你整个通信系统马上瘫痪掉，持续照射就持续瘫痪。其实真正需要"只要有窃听我就能发现"的是指向性很低的无线电通信，用光子的量子通信根本无能为力。

5. 目前的加密系统早就远远超过实际所需了，你啥时候听过有银行是因为传输中信息被窃听而被破解的？

———————— 我是键盘侠的分割线 ————————

前 4 个问题，相信看到这里的读者应该都可以自己回答了。如果还看不出前四大"漏洞"错在哪里，我强烈建议你二刷本书。

小提示：

1. 量子通信中存在两种信道：量子信道和传统信道。可能被截获的信息，只有通过传统信道发送的"纠错码"，而它并不是要发送的真实内容。另外，无论是基于量子纠缠的 E91 协议还是和纠缠无关的 BB84 协议，都可以实现加密通信。

2. "墨子号"是靠单光子通信的，但不是只发一颗光子，而是每秒连续发射 100 万个光子（1MHz）。大气层确实会吸收大量光子，但只需 1 个光子成功到达地面基站足矣。还有，光子"被大自然的东西偷看了"，不算量子意义上的"观测"。

3. 不怕你移动快，只要我瞄得准。"墨子号"具备超远距离"移动瞄靶"能力，对准精度可达普通卫星的 10 倍，难度相当于"站在 50 公里外把一枚硬币扔进全速行驶的高铁列车上的一个矿泉水瓶里"。顺便说一句，2019 年 12 月 24 日，济南量子技术研究院的"可移动量子卫星地面站"已经和"墨子号"对接成功。

4. "无条件不受干扰"的通信不存在。如果一定要把它当作"漏洞"，只能说，这不是量子通信的漏洞，这是通信的漏洞。

不过，起码人家还说对了一点：

5."目前的加密系统早就超过实际所需了，你啥时听过有银行是因为信息窃听被破解的？"

讲真，目前的加密系统并不是没法破解，只是破解成本太高。就拿银行最常用的非对称加密算法 RSA 来说，2009 年，为了攻破一枚 768 比特的 RSA 密钥，一台超级计算机足足算了几个月，这几乎是当今计算机性能的极限！

虽然理论上，RSA-768 已不再安全，但由于 RSA 算法的破解难度随着密钥长度指数级上升，所以让 RSA 再次固若金汤非常简单：把密钥位数加长到 1024 比特，就会让破解时间增加 1000 多倍。其实，现在网上交易最普遍的 RSA 密钥，至少是 2048，甚至 4096 比特。

然而，在互联网时代大获成功的 RSA 加密，真的能让我们高枕无忧地用上 500 年吗？

未必。

RSA 加密的前提是"加密容易解密难"。在 RSA 的核心算法中，用到了大数乘积的因数分解：把两个大质数相乘（$A \times B = C$），比把这个乘积 C 还原出 A 和 B 容易得多。数字 C 的位数越多，因式分解的时间就越长。

但是，有没有这样一种可能：随着算力越来越强，解密的时间越来越短，会不会有朝一日再长的密码都可以秒破呢？

甚至，有没有可能出现，**解密的速度比加密还快**的尴尬局面？

这就是困扰计算机系的同学们 50 年的经典问题：P 是否等于 NP？

P 就是"确定型图灵机"能在多项式时间内解决的问题。现代计算机就是一种"确定型图灵机"，按一行行代码、顺序执行程序，一个 CPU 在同一时间只能干一件事。电脑、手机能同时开多个 App，是因为 CPU 在几个程序之间高速切换，只不过速度太快，你看不出它在切换而已 [①]。

如果一个问题可以在多项式时间内解决，意味着随着数据量增加，算出问题所需时间只会直线上升或抛物线式上升，但永远不会指数级上升 [②]——指数，是所有计算机的噩梦："卡吧死机"（假死机）。

而剩下那些没法在多项式时间内解决的"卡吧死机"问题，一律被归为 NP："非确定型图灵机"能在多项式时间内解决的问题。"非确定型图灵机"是"确定型图灵机"的反义词，一个 CPU 能同时干好几件事。当然，它只存在于计算机科学家的想象之中，现实中哪有这么魔幻的电脑啊？

----

① 另一个原因，是现代电脑、手机大都使用多核心 CPU。

② 直线上升指时间复杂度是 $O(n)$，抛物线指 $O(n^2)$，以此类推还有 $O(n^3+n^2)$、$O(n^{100})$ 等，它们的时间复杂度都是多项式。指数级上升时间复杂度是某个常数的 n 次方，例如 $O(3^n)$。随着数据规模增长，指数级复杂度将远远超过多项式复杂度。通常，我们宁愿要 $O(n^{100})$ 的算法，也不要 $O(3^n)$。

计算机系同学为什么要死磕 P=NP 呢？因为，抛开复杂的定义不谈，P=NP 实际上问的是：如果答案的对错可以很快验证，它是否也可以很快计算？

比如，"找出大数 53308290611 是哪两个数的乘积？"很难，但要问"224737 是否可以整除 53308290611？"却连小学生都会算。在密码学领域，这正好是我们想要的结果：加密（相乘）容易解密（因数分解）难。

如果能证明 P 等于 NP，就势必存在一种算法，使得对 53308290611 做因数分解和验证 224737 是否因子一样快（加密和解密同样容易）。反过来，要是能证明 P 不等于 NP，密码学家就可以彻底高枕无忧：我一秒钟加的密，你要一万年才解得开，要不就去指望那个不存在的"非确定型图灵机"吧！哇哈哈哈哈哈哈！

一开始人们觉得，P 显然不等于 NP。如果 P 真的等于 NP，为什么这么多年，都没人想出这种逆天的解密算法呢？

结果，50 多年过去，既没能证明 P 等于 NP，也没能证明 P 不等于 NP。但万万没想到，有人发现了现实版的"非确定型图灵机"！

它，就是**量子计算机**。

和非 0 即 1 的传统计算机不同，量子计算机的"量子比特"可以处于"既是 0 又是 1"的量子态。

还记得薛老师那只不死不活、又死又活的混沌猫吗？

在量子世界，这种不可思议的"既死又活"，反而是最平常的现象：量子叠加态。

量子叠加，使得量子计算机具有传统计算机做梦都想不到的超能力：在一次运算中，同时对 2^N 个输入数进行计算。

> 如果变量 X=0，
>
> 运行 A 逻辑；
>
> 如果变量 X=1，
>
> 则运行 B 逻辑。

这种最普通不过的条件判断程序，在传统计算机内部，永远只会执行 A 或 B 其中一种逻辑分支，除非把 X=0 和 X=1 的两种情况各运行 1 次（共运行 **2** 次）。

但对于量子计算机，A 和 B 在**一次计算**中就同时执行了，因为变量 X 是量子叠加态，**既等于 0 又等于 1**！

这意味着，普通计算机要算 2 次的程序，量子计算机只需算 1 次。

如果把量子比特的数量增加到 2 个：

> 如果变量 X=00，
>
> 运行 A；
>
> 如果变量 X=01，

運行 B；

如果变量 X=10，

運行 C；

如果变量 X=11，

運行 D。

有了 2 个量子比特，普通计算机要算 4 次的程序，量子计算机也只要算 1 次。

如果把量子比特加到 10 个，那么普通计算机要算 2^{10}=1024 次，或用 1024 个 CPU 同时算的程序，量子计算机只需要用 1 个 CPU 算 1 次。

看出问题的严重性了吗？

如果把量子比特加到 100 个以上，那么，当今地球上所有计算机同时运行 100 万年的工作量，量子计算机干完只要几分钟！

得，咱也别纠结什么 P 等不等于 NP 了……就算你证明了 P 不等于 NP，不过是说某些难题（NP 问题）会让普通电脑"卡吧死机"，我可以把它们交给量子计算机，把普通计算机一万年解不开的密钥在一秒钟内破解[①]。事实上，数

---

① 量子计算机可以在多项式时间内解决某些 NP 问题（例如因数分解），但并不代表可以在多项式时间内解决所有 NP 问题。

学家彼得·舒尔（Peter Shor）早在 1994 年就找到了因数分解的量子算法①，就差一台够劲儿的量子计算机了！

对于曾经需要巨大算力才能破解的 RSA 加密，这是一个灾难性的未来。

1994 年，全球 1600 个工作站同时运算了 8 个月，才破解了 129 位的 RSA 密钥。若用同样的算力，破解 250 位 RSA 要用 80 万年，1000 位则要 10^{25} 年——而对于量子计算机，1000 位数的因数分解连 1 秒钟都不到。

在量子计算机的最强之矛面前，当今世界最流行的 RSA 加密将无密可保，所有基于 RSA 的金融系统将瞬间变成透明人。

唯一能防住量子计算机的，只有**最强之盾**：量子加密通信。

和 RSA 等依赖计算复杂度增加破解成本的加密方式不同，量子加密通信与算力无关。它是"无条件安全"的，对量子计算机的恐怖算力先天免疫。

---

① 2001 年，IBM 用 7 个比特的量子计算机计算了 15 的因数分解（3×5），在实验上验证了 Shor 算法的可行性。

虽然量子比特的制备极为困难，但谁也不知道，量子计算机的爆发，也就是传统加密的末日，将会在何时到来。

这就是为什么，在许多人一片"看不懂"的声音中，量子通信卫星"墨子号"上天了；

京沪量子通信干线建成了；

工商银行在北京用上了量子通信做同城加密传输；阿里云的数据中心在用量子通信组网；

在基础设施方面暂时落后的欧盟，也在 2018 年投入 10 亿欧元实施"量子旗舰"计划，要在全欧洲开通量子通信网络。

另一方面，IBM、谷歌、英特尔、霍尼韦尔等美国巨头，正在争夺"量子霸权"。2019 年 9 月，谷歌研发的量子计算机 Sycamore 已超过 50 量子比特，用 200 秒的量子计算，完成了当今地球最强超级计算机 1 万年的运算结果。

最强之矛与最强之盾的对决，正蓄势待发。

就连扎克伯格未满月的女儿，都让他爹读《宝宝的量子物理学》。你还觉得这种高深的学问，懂不懂也没什么关系，反正全世界也没几个人能懂？

未来，已来。

致　谢

　　感谢知乎支持本书的出版；感谢我的爱妻，也是本书的第一个读者，提供了许多脑洞大开的创意；更要感谢我的读者和粉丝，归根到底，这本书是为你们而写的。

　　如果你在阅读中产生疑问，如果你觉得书中有什么不足之处，或者有其他任何新鲜出炉的观感和想法……欢迎来知乎给作者留言：https://www.zhihu.com/people/thomas-ender，这里肯定能找到和你同样有趣的小伙伴。你们的批评和建议，将使《猫、爱因斯坦和密码学：我也能看懂的量子通信》不断进化。

图书在版编目（CIP）数据

猫、爱因斯坦和密码学：我也能看懂的量子通信 /
神们自己著. —北京：北京联合出版公司，2021.1（2023.5重印）
ISBN 978-7-5596-4653-8

Ⅰ. ①猫… Ⅱ. ①神… Ⅲ. ①量子力学 – 光通信 – 普
及读物 Ⅳ. ①TN929.1-49

中国版本图书馆CIP数据核字（2020）第203551号

猫、爱因斯坦和密码学：我也能看懂的量子通信

著　　者：神们自己
出 品 人：赵红仕
责任编辑：管　文
特约监制：张　娴
策划编辑：魏　丹
责任校对：于立滨
插画设计：杨若冰
封面设计：王左左
内文排版：王左左

北京联合出版公司出版
（北京市西城区德外大街83号楼9层　100088）
北京联合天畅文化传播公司发行
北京尚唐印刷包装有限公司印刷　新华书店经销
字数124千字　880毫米×1230毫米　1/32　7印张
2021年1月第1版　2023年5月第4次印刷
ISBN 978-7-5596-4653-8
定价：68.00元